W0070005

Topp vernetzt

Das Praxishandbuch für
Netzwerkveranstaltungen

Roman Topp

Impressum:

© 2016 TOPP Consult UG (haftungsbeschränkt) & Co. KG
www.netzwerkknigge.de

Redaktion: Nachtpeter-Verlag, Leipzig, www.nachtpeter.de
Textsatz: Frank Oberländer, Leipzig
Grafik und Einband: Sebastian Schröder, Leipzig
Foto Einband: Tim Hard Fotografie, Leipzig, www.timhard.com

ISBN 978-3-00-054784-3

Inhalt

Vorwort

Vom Verkäufer ohne Leidenschaft zum Empfehlungsmillionär

Wenn der Vater beruflich erfolgreich ist, fällt dem Sohn die Berufswahl oftmals leicht. So trat ich in die Fußstapfen meines Vaters, der sich vom kleinen Außendienstler zum Geschäftsführer eines internationalen Medizintechnikkonzerns hochgearbeitet hatte. Um dem elterlichen Anspruch gerecht zu werden, studierte ich in Marburg Betriebswirtschaft. Mit der Spezialisierung auf Psychologie und Innovationsmanagement legte ich den Schwerpunkt auf den Aufbau von Vertriebsstrukturen in neuen Ländern und Märkten.

Schon im ersten Semester wurde deutlich, dass gute Noten nicht so wichtig sind wie Sozialkompetenz und die damit verbundenen Kontakte. Während des Studiums war ich immer in zwei bis drei Studenteninitiativen aktiv. Mit dem Abschluss hatte ich durch diese Kontakte ohne Bewerbung gleich mehrere Stellenangebote vorliegen.

Als Sales- & Marketingmanager für ein renommiertes australisches Unternehmen hatte ich die ersten Erfolge im internationalen Vertrieb. In der zweiten Anstellung galt ich bereits im zweiten Jahr als erfolgreichster Verkäufer der

Firma und wurde vom Branchenführer für den Aufbau einer Tochterfirma abgeworben.

Trotz des steigenden Know-hows wurden die Vertriebserfolge jedoch geringer statt höher. Potentielle Kunden reagierten auf die klassischen Kaltanrufe zunehmend ablehnender. Wir mussten uns Fragen stellen: War der Markt gesättigt? Erreichten uns die Nachbeben der Wirtschaftskrise von 2008? Und wo ist die Lösung?

Im Bestreben, den Vertrieb einfacher und angenehmer zu gestalten, entschied ich mich 2011 für die Selbständigkeit. Durch die Eigenverantwortung konnte die unliebsame telefonische Kaltakquise zunächst reduziert werden und dann ganz wegfallen. Heute kommen die Aufträge zu 100 % durch Empfehlungen von persönlichen Kontakten.

Durch die Aktivierung alter und den Ausbau neuer Netzwerke hatte ich bei vielen Partnern bald den Ruf, für alles und jeden einen Löser zu kennen. Damit brachte ich es in zwei Jahren zum Empfehlungsmillionär und durfte mich über mehrere Auszeichnungen als Netzwerker des Monats freuen. Seit 2015 gebe ich mein Wissen regelmäßig im Bundesverband mittelständische Wirtschaft, an der Universität Leipzig, in Workshops, Seminaren und Inhouse-Schulungen für kleine und mittlere Unternehmen weiter.

Netzwerker zu werden, war eine der besten Entscheidungen meines Lebens. Ich habe das, was ich am meisten gehasst habe – die Kaltakquise am Telefon – gegen etwas eingetauscht, das ich leidenschaftlich gern tue: Anderen Menschen zu helfen.

Telefonvertrieb ist für Anrufenden und Angerufenen gleichermaßen lästig. Vertrauensvolle Empfehlungen sind für alle Beteiligten gleichermaßen erfüllend. Deswegen hege ich keinen Zweifel, dass Netzwerken der Vertrieb der Zukunft ist.

Doch wie bei so vielem im Leben gilt auch beim Netzwerken das Pareto-Prinzip: 20 % der Netzwerker sind auf der Sonnenseite. Sie werden auf Veranstaltungen überschwänglich von ihren Bekannten begrüßt, nehmen neue, gewinnbringende Kontakte mit und können sich stets über geschäftliche Empfehlungen freuen.

Die übrigen 80 % sind mehr dabei als mittendrin. Obwohl sie dieselben Veranstaltungen besuchen, führt ihre Netzwerkarbeit entweder gar nicht zu Aufträgen oder allenfalls zu kleinen Verlegenheitskäufen.

In diesem Buch möchte ich Ihnen zeigen, wie Sie zu den Gewinnern gehören. Wenn Sie sich an die Ratschläge halten und die genannten Fehler vermeiden, werden Sie erfolgreich sein.

I. Verkaufen und vertreiben

Ich habe eine Vision: Die Vision, dass es in einigen Jahren keinen konventionellen Verkauf mehr geben wird. Warum? Weil ich Verkauf hasse. Ich mochte das Verkaufen noch nie. Und zwar auf beiden Seiten.

Wie fühlen Sie sich, wenn jemand Fremdes aus irgendeinem Callcenter Sie ungefragt anruft und sich einbildet zu wissen, was für Sie am besten ist? Woher hat er überhaupt Ihre Telefonnummer? Wie fühlen Sie sich, wenn jemand, von dem Sie seit Jahren nichts mehr gehört haben, bei Ihnen anruft, um Ihnen ein „ganz tolles Geschäft" vorzuschlagen? Für nur 100 € im Monat zuzüglich Startergebühr können Sie „von Anfang an dabei sein" und sind dann bald so richtig reich!

Bei der Heimsuchung solch ungefragter Wohltäter stellt sich nur eine Frage: Höflichkeit bewahren und ausreden lassen oder sofort auflegen? Wir kennen solche Gespräche und jeder, den ich kenne, verabscheut sie genauso wie ich. Nur eines empfinde ich als noch unangenehmer als Verkaufsanrufe zu erhalten: Wenn ich selbst als Verkäufer solche Gespräche führen muss.

Jeder BWL-Student lernt im ersten Semester, dass Pull-Effekte effektiver sind als Push-Effekte. Zu Deutsch: Es kostet mehr Zeit und Geld, ein Produkt in den Markt hineinzupressen, als einen Sog für das Produkt zu erzeugen und dann die Nachfrage zu bedienen. Warum hat sich diese Binsenweisheit noch nicht von den Universitäten bis in den Vertrieb herumgesprochen?

Die meisten Verkäufer bieten Produkte von heute mit den Methoden von vorgestern an. In meiner Vision kennt die Welt keine Verkaufsanrufe, keine Werbespots, keine Spam-Emails und keine aufdringlichen Akquisegespräche. Für das tägliche Suchen und Finden verlassen sich Menschen vor allen Dingen auf eins: Empfehlungen.

Warum sollten wir beruflich nicht dasselbe tun wie im Privaten? In unserem Privatleben erkundigen wir uns tagtäglich nach der Meinung unserer Lieblingsmenschen. Oder wir holen Ratschläge von jemandem ein, der sich unser Vertrauen verdient hat. Das ist alles, was wir für den Vertrieb benötigen. Wir wissen, wer uns die besten Waren und Dienstleistungen liefern kann oder kennen jemanden, den wir nach einer Empfehlung fragen können. Im Gegenzug profitieren wir davon, dass unsere Kontakte unsere Produkte weiterempfehlen, so dass auch wir selbst von unseren künftigen Kunden ohne Eigenanstrengung gefunden werden.

Mit dieser Strategie – den Vertriebsprozess einfach umzudrehen – bin ich Empfehlungsmillionär geworden. Mein nächstes Ziel besteht darin, Empfehlungs-Milliardär zu werden, in dem ich Tausenden Verkäufern zeige, wie Sie

ebenfalls mehr als eine Million Euro Umsatz durch Empfehlungen generieren.

Vertrieb von gestern: Kaltakquise

Vertriebler sind sich einig: Die besten Kunden sind solche, die durch Empfehlungen kommen. Diese Kunden wissen, was sie wollen. Und sie bringen bereits einen Vertrau-
ensvorschuss gegenüber dem empfohlenen Anbieter mit.
Wenn die technischen Details geklärt sind und es preislich
passt, ist man in der Regel schon nach einem kurzen Gespräch zusammengekommen. Im Vergleich dazu ist ein
klassischer Akquiseprozess quälend lang und in aller Regel frustrierend. Werfen wir zunächst einen Blick auf den
Vertrieb von gestern und heute. Damit wird der Kontrast
zum Netzwerkvertrieb sehr schön sichtbar.

Telefonverkauf aus der
Sicht des Anrufers

Der Klassiker unter den konventionellen Vertriebswegen
ist der Kaltanruf. Das ist eine verhältnismäßig günstige
Möglichkeit, mit neuen Personen in Kontakt zu kommen.
Etliche Bücher und Lehreinheiten gibt es zu dem Thema
und das zu Recht: Ein gut geschulter Verkäufer konnte mit
Kaltakquise lange Zeit ein kleines Vermögen verdienen.

Leider ist das schwerer geworden, seit die Entscheider einerseits von den dauernden Anrufen ermüdet sind und Kaltakquise seit 2015 ohnehin gesetzlich untersagt ist. Beim Telefonverkauf kommt es vor allem auf Ausdauer und Selbstmotivation an. In einen imaginären Vertriebstrichter werden zahllose Adressen hineingeschüttet, in der Hoffnung, dass am Ende zumindest ein Abschluss herauskommt.

Werfen wir einen Blick auf die Etappen eines Kalt-Anrufes bei einem potentiellen Kunden: Am Anfang steht das Sammeln der „Leads": Adressen und Kontaktdaten von Firmen, die in das eigene Suchschema passen. Die Leads müssen zunächst recherchiert und dann daraufhin qualifiziert werden, ob sie wirklich zum Profil des Wunschkunden passen. Wenn hier grünes Licht ist, kommt es zum ersten Anruf.

Aus Sicht des Anrufers sind es bedauerlicherweise absolute Ausnahmefälle, wenn der gewünschte Ansprechpartner bereits auf der Homepage zu identifizieren ist. In der Regel muss sich der Verkäufer in der Zentrale durchfragen. Faustregel: Je wichtiger der Ansprechpartner, desto schwerer ist er zu erreichen. Im Fachjargon werden die Sekretärinnen als „Gatekeeper" bezeichnet, die es zu überwinden gilt, um zum Entscheider überhaupt durchgestellt zu werden. Es ist ein ewiger Zweikampf der besonderen Art.

Nun ist zu prüfen, ob Bedarf am Angebot besteht. Schon hier fallen je nach Branche und Produkt 80 bis 99 % raus.

Ein gut geschulter Verkäufer ist darauf trainiert, in dieser Phase mit einer überzeugenden Kurzansprache einen persönlichen Termin zu erkämpfen. Wenn das nicht gelingt, steht am Ende des Gesprächs die Bitte, eine E-Mail mit Informationen zu schicken. Dies ist eine höfliche Absage.

Solche Informationen werden in aller Regel nicht einmal gelesen. In allen Firmen, für die ich tätig war, kam es nicht ein einziges Mal vor, dass ein Ansprechpartner nach Erhalt einer solchen E-Mail geantwortet hätte: „Wow, Ihre Informationen waren so interessant! Wann können wir uns kennenlernen?"

Irgendwann hat mich die Zeitverschwendung dieser „Informationszusendung" frustriert und ich habe es einfach unterlassen. Dann war ich die Woche darauf beim zweiten Anruf ganz erstaunt darüber, dass meine Mail nicht angekommen ist. „Ich könne das Produkt ohnehin viel besser persönlich erklären und einfach kurzfristig mal vorbeikommen" war mein üblicher Vorschlag.

Wer von ursprünglich 100 Leads auf 10 persönliche Termine kommt, ist ein überaus eloquenter Telefonverkäufer. Ich weiß aus eigener Erfahrung, welcher Einsatz dafür nötig ist. Der Ersttermin vor Ort gilt dem Kennenlernen und Verstehen der Kundenbedürfnisse. Sicher gibt es Produkte, die sich schnell und unkompliziert verkaufen lassen. Doch ich bleibe zur Veranschaulichung der Problematik beim persönlichen Beispiel mit hochwertigen, erklärungsbedürftigen Produkten.

Um solche Produkte bedarfsgerecht anzubieten, ist zunächst eine Analyse der Kundenbedürfnisse notwendig. Auf Basis der persönlichen Analyse wird ein Angebot erstellt, das genau auf den Kunden zugeschnitten ist. Die Angebotsbesprechung inklusive der Einwandbehandlung ist das Allerheiligste des Verkaufsprozesses. Eben deswegen sollte beim Abschluss ein zweiter Termin vor Ort Pflicht sein.

Trotzdem ist man gerade im hochpreisigen Segment selten der einzige Anbieter. Somit ist auch ein zweiter Termin mitnichten eine Abschlussgarantie. Wenn bei hundert Leads zehn „Prospects" (echte Interessenten) und ein Neukunde herausspringen, kann sich der Verkäufer ordentlich auf die Schulter klopfen. In den meisten Branchen ist die Quote schlechter.

Um zu verstehen, warum bei so viel Aufwand so wenige Ergebnisse rumkommen, können wir kurz die Vertriebs-Brille absetzen und uns in die Situation des Entscheiders hineinversetzen.

Telefonverkauf aus Sicht
des Angerufenen

Machen wir einmal ein kleines Rollenspiel. Stellen Sie sich vor, Sie sind Geschäftsführer eines mittelständischen Unternehmens. Sie sind gerade am Schreibtisch, konzentriert in die Planung eines Projektes vertieft, als schon wieder das Telefon klingelt. Ihre Sekretärin sagt, irgendein Verkäufer von irgendeiner Firma wolle irgendetwas von Ihnen. Das ist schon der Fünfte heute.

Sie lassen trotz allem durchstellen. Es gibt ja durchaus gerade eine bestimmte Bedarfslage. Doch irgendwie klingt dieses Angebot genauso, wie alles, was die anderen Verkäufer Ihnen täglich erzählen.

Der Anrufer versichert Ihnen, dass sein Produkt ganz anders und viel besser sei als alles auf dem Markt. Er schafft es, dafür zwei schlüssige Argumente zu formulieren. Also stimmen Sie einen Termin zu. Aber bitte erst in drei bis vier Wochen. Sie haben schließlich Wichtigeres zu tun.

Im persönlichen Gespräch klingt dann alles ganz plausibel. Von den technischen Erläuterungen verstehen Sie immerhin das meiste. Wenn man das Produkt bezahlen kann, könnte man über die Anschaffung nachdenken. Aber dazu muss erstmal neuer Umsatz reinkommen und Budget frei werden.

Bis Sie das Angebot auf dem Tisch haben, wurden Sie von drei weiteren Firmen kontaktiert. Ihr gegenwärtiger Lieferant hat sich auch turnusmäßig wieder gemeldet. Zu den technischen Details sagen alle Verkäufer etwas anderes und nichts davon ergibt am Ende ein schlüssiges Bild für die Entscheidungsfindung

Sie werden inzwischen von mehreren Verkäufern regelrecht verfolgt. Alle wollen wissen, was denn mit den offenen Angeboten ist. Sie kriegen Bauchkrämpfe, wenn Sie schon wieder diese Nummern in Ihrem Display sehen. Nachts träumen Sie von Verkäufern, die Ihren Kindern auf dem Schulweg auflauern.

Aus Frust und mangels einer klaren Entscheidungsgrundlage bestellen Sie wieder bei Ihrem vertrauten Zulieferer. Da weiß man wenigstens, was man hat, auch wenn nicht alles wirklich zufriedenstellt. Gleichzeitig ermahnen Sie Ihre Sekretärin, nie wieder Anrufe von Verkäufern durchzustellen. Auch nicht, wenn die Ihre Kinder entführt haben.

Kaltbesuche

Ein Kaltbesuch ist die gesteigerte Form des Kaltanrufs. Hier wird der potentielle Kunde ohne vorherige Ankündigung besucht. Wenn er das Geschäft abschließt, dann häufig ohne ausreichende Überlegung, insbesondere ohne Preisvergleich. Oft erfolgt ein Abschluss auf emotiona er Basis, um dem Vertreter einen Gefallen zu tun oder um ihn loszuwerden.

Mit dieser Taktik konnten in den 70er Jahren einige Staubsaugervertreter gute Erfolge verzeichnen. Wahrscheinlich auch die Zeugen Jehovas. Hier gibt es den klaren Vorteil, dass der Kunde sich einem aufdringlichen Besucher nicht so einfach entziehen kann wie am Telefon. Diese Verkäufer werden oft geschult, um mit eindrucksvoller Penetranz die richtigen emotionalen Knöpfe zu drücken und dem Kunden einen Abschluss aus den Rippen zu leiern.

Wer die Nerven für Kaltbesuche aufbringt, hat meinen Respekt. Für die meisten von uns ist dieser Vertriebsweg mit zu viel Ablehnung und Unannehmlichkeiten verbunden. Je größer der Betrieb des Zielkunden ist, desto schwieriger werden Sie es haben, den Entscheider überhaupt sprechen zu dürfen. Wenn Sie ohne Termin vorgelassen werden, funktioniert dies in der Regel nur bei kleinen Familienbetrieben oder wenn Ihre Kunden Privatleute sind. Dabei ist jedoch wieder zu beachten, dass solche sogenannten Haustürgeschäfte nach § 312 BGB mittlerweile verstärkt der Verbraucherschutzkontrolle unterworfen sind.

Damit schließen wir das Kapitel über den altmodischen Vertrieb und werfen einen Blick auf die Veränderungen der letzten Jahre. Danach werden Sie noch besser verstehen, warum den Verkäufern mittlerweile eine solche Ablehnung entgegenschlägt.

Marktphasen im Laufe der Zeit

„Ich prüfe jedes Angebot, es könnte das Geschäft meines Lebens sein", sagte einst der Industriepionier Henry Ford. Nicht ganz ein Jahrhundert später ist das völlig unmöglich geworden. In einer Woche sind wir mehr Werbebotschaften ausgesetzt, als unsere Großeltern in ihrem gesamten Leben. Jede einzelne davon ist so aufgebaut, dass sie uns unterbewusst zu einer Entscheidung drängt. Um in der Großstadt nicht arm oder verrückt zu werden, sind wir im Modus der permanenten Ablehnung.

Diese Situation bietet neue Herausforderungen für den Vertrieb und bedarf neuer Lösungen. Werfen wir einen Blick auf die Entwicklung der Konsumgesellschaft. Es lassen sich vier Phase unterscheiden.

Kontaktmarkt

Mangel an Vertrauen
-> Vernetzen & Empfehlen

Digitale Käufermarkt

Mangel an Service
-> Onlinewerbung & MLM

Käufermarkt

Mangel an Kenntnis über Produkte
-> Werbung / Marketing

Verkäufermarkt

Mangel an Produkten
-> Preise und Produktion erhöhen

Der Verkäufermarkt

Am Anfang, und das gilt für den größten Teil der menschlichen Geschichte, war der Markt ein Verkäufermarkt. Güter waren knapp, die Nachfrage reichlich. So befanden sich Verkäufer in der bequemen Position, an Vertrieb keinen Gedanken zu verschwenden. Im Gegenteil: Sie brauchten lediglich ihre Preise oder die Produktion zu erhöhen, um ihren Gewinn zu steigern.

Heute sind in der westlichen Welt nur noch wenige Beispiele für den echten Verkäufermarkt zu finden. BMW war in der glücklichen Lage mit dem Elektro-Sportwagen i8 trotz sechsstelligem Kaufpreis eine zweijährige Wartezeit bis Auslieferung zu erzeugen. Daran wird auch schön die Problematik des Verkäufermarktes erkennbar: Der Mangel an Produktionskapazität.

Wenn es Ihnen gelingt, ein gefragter Nischenanbieter zu werden, kann ich Ihnen nur gratulieren. Sie brauchen weder Kaltanrufe noch aktives Netzwerken, um ausgesorgt zu haben. Für die meisten von uns ist das allerdings unrealistisch, da wir uns auf einem Käufermarkt bewegen.

Der Käufermarkt

Mit der zunehmenden Fertigung von Konsumgütern wurde aus dem Verkäufermarkt ein Käufermarkt. Die

Kunden konnten aus einer Vielzahl konkurrierender Produkte wählen und wurden entsprechend anspruchsvoller. Doch wer die Wahl hat...

Woher soll ich als Kunde wissen, ob der E-Klasse, der 7er BMW oder der Audi A8 für mich das beste Fahrzeug ist?

Beim PKW kann ich zumindest mit überschaubarem Aufwand Probefahrten machen und mich an meinem persönlichen Geschmack orientieren. Beim neuen Heizkessel wird beides schwieriger. Wie viele Saftpressen muss ich testen und zurücksenden, bis ich das optimale Modell gefunden habe? Und welcher Mensch hat je einen Probe-Tag in Übersee verbracht, um sich zwischen Bali und den Seychellen zu entscheiden?

Die Komplexität der Möglichkeiten ist so enorm, dass Kunden auf externe Informationen vertrauen müssen. Die sind in den seltensten Fällen neutral. Neutralität und Verkauf passen so gut zusammen wie Fische und Fahrräder. Verkäufer nutzen die Entscheidungsproblematik, um mit allen Regeln der Kunst selektiv und manipulativ über ihre Produkte zu informieren.

Die Werbung war geboren. Ein hohes Marketingbudget war über viele Jahrzehnte gleichbedeutend mit dem entscheidenden Wettbewerbsvorteil.

Der Online-Käufermarkt

Seit der Jahrtausendwende verschiebt sich die Werbung mit zunehmender Geschwindigkeit ins Internet. Fernsehsendungen sind mittlerweile so mit Werbung durchsetzt, dass die meisten Zuschauer automatisch ab- oder umschalten. Briefkästen quellen über von Handzetteln, sofern der Werbeeinwurf nicht verboten ist. Printanzeigen in Zeitungen, denen ohnehin die Leserschaft davonläuft, stoßen auf deutlich sinkende Resonanz. Während die Marketingbudgets der Topmarken von einen Allzeithoch zum nächsten steigen, sind die Konsumenten werbemüde geworden.

Für verstärkte Aufmerksamkeit insbesondere unter den kommenden Konsumentengenerationen nutzen die Werbenden die neuen Medien: Das Internet ist das Eldorado der Werbetreibenden. Die erste Generation der Onlinewerbung ist schon längst überholt. Spam-Filter und Pop-up-Blocker schützen vor direkten Werbeeinblendungen, die ohnehin nur eine lächerlich geringe Konversionsrate auszeichnet. Socialmedia und insbesondere das personalisierte Marketing in Kombination mit dem Zauberwort Big Data führt zu nennenswerten Erfolgen. Insbesondere für die Giganten, die sich die notwendige Maschinerie leisten können.

Und zugleich ist es interessant zu beobachten, wie die Kunden allmählich beginnen, die Strukturen, Prinzipien und Algorithmen hinter Google, Amazon, Facebook und Co. zu verstehen oder sie zumindest zu hinterfragen. Auch die großen Platzhirsche des World Wide Web kommen nicht ohne das Vertrauen ihrer User aus. Gerade Google hat mit den jüngsten Updates im Suchalgorithmus deutliche Zeichen in diese Richtung gesetzt.

Aus Kundensicht war Internet-Shopping eine Revolution. Verkaufsplattformen und Vergleichsportale suchen aus zahlreichen Angeboten das günstigste heraus und schaffen so nie dagewesene Markttransparenz. Die geringeren Preise führten dazu, dass sich ein Großteil des Marktanteils auf Online-Bestellungen umlagerte. Schmerzhaft für den Einzelhandel ist der Trittbrettfahrereffekt, wenn Kunden erst eine kompetente Vorort-Beratung in Anspruch nehmen und dann das Produkt im Netz zum Kampfpreis bestellen.

Um bei unserem PKW-Beispiel zu bleiben: Genauso funktionieren die notorischen EU-Re-Importe. Vor einigen Jahres kam es fast schon in Mode, sich in einem lokalen Autohaus beraten zu lassen und dann in Osteuropa dasselbe Fahrzeug zu einem geringeren Preis zu bestellen.

Vielleicht haben Sie auch schon mal einen Auftrag an das digitale Nirwana verloren, nachdem Sie einen potentiellen Kunden umfassend beraten haben? Dann habe ich gute Nachrichten für Sie. Ein Ende dieses Trends ist absehbar. Die empfindliche Kehrseite dieser Medaille ist der mangelhafte Service und die fehlende Verantwortung des Verkäufers. Wenn der Verkäufer kein Gesicht hat, kann er es auch nicht verlieren. Deshalb werden Käufer, die sich vom Prinzip Geiz-ist-geil leiten lassen, regelmäßig durch Enttäuschung abgestraft. Entweder entspricht das Produkt nicht den Erwartungen oder der Kaufbetrag in Vorkasse verschwindet spurlos und ohne Gegenleistung auf einem fremden Kontinent.

Seit einigen Jahren zeichnen sich eine erneute Veränderung der Mentalität und damit der Eintritt in die vierte Phase ab. Immer mehr Kunden sind es leid, für einen am falschen Ende gesparten Euro enttäuscht zu werden und setzen wieder auf Qualität und Vertrauen.

Der Kontaktmarkt

Qualität und Vertrauen: Wo lässt sich das finden, ohne erneut viel Lehrgeld zu zahlen? Werbespots und Bannerwerbung versprechen viel und halten oft nur wenig. Deswegen tun Menschen bei geschäftlichen Entscheidungen zunehmend das, was sie im Privaten schon seit langem tun: Sie hören auf Empfehlungen von denjenigen, die sich ihr Vertrauen schon verdient haben.

Mit diesem Konzept konnten zahlreiche Multilevel-Marketingfirmen in den letzten zwei Jahrzehnten beachtliche Erfolge erzielen: Mache den zufriedenen Kunden zu einem Partner, der das Produkt weiterempfiehlt. Allerdings sind auch diesem Prinzip natürliche Grenzen gesetzt, die sich nicht ohne Konsequenzen überschreiten lassen. Mehr zum Strukturvertrieb lesen Sie im nächsten Teil dieses Kapitels.

Ein Millionenbudget für Werbung kann ohne messbaren Wert verpuffen, während die richtigen Beziehungen Türen zu Großprojekten oder einem Millionenpublikum öffnen. Ein gut aufgestelltes Netzwerk und die richtigen Kontakte sind die wertvollste Ressource der modernen Wirtschaftswelt. Und das Schönste daran: Jedem steht es frei, sich diese Ressourcen zu eigen zu machen!

Haben Sie eine Netzwerkstrategie?

Nachdem wir das Problem vollumfänglich erkannt haben, können wir die Lösung betrachten. Wie wäre es, wenn Sie sich nie mehr mit der Jagd nach Kunden abgeben müssten? Würde es Ihnen gefallen, wenn Ihre künftigen Kunden stattdessen von sich aus anrufen, weil Ihr guter Ruf Ihnen als Botschafter vorauseilt? Was, wenn Sie für Ihren Umsatz kaum mehr zu tun brauchten, als einigen Kontakten mitzuteilen, wer Ihr Wunschkunde ist: Und Ihre Netzwerkpartner öffnen Ihnen die Türen? Das ist möglich. Was Sie dafür brauchen, ist eine gute Netzwerkstrategie.

Der Stellenwert von Netzwerkarbeit ist in den letzten Jahren kontinuierlich gestiegen. Desto mehr verwundert es, dass viele Selbständige oder Vertriebsmitarbeiter keine starke Netzwerkstrategie entwickeln. Mit

Marketing- und Vertriebsstrategien beschäftigen dagegen sich ganze Abteilungen.

Landleben: Zurück zu den Wurzeln

Ich bekenne mich dazu: Ich liebe das Landleben. Mir gefallen die Ehrlichkeit und die Herzlichkeit der Menschen. Ich mag das einfache Essen aus regionaler Küche. Und ich mag es, wenn jeder jeden kennt.

Auf dem Dorf ist es eine Selbstverständlichkeit, sich gegenseitig zu unterstützen. Man kauft beim Nachbarn, auch wenn es einen Euro teurer ist als im Internet. Vielleicht aus Gewohnheit, doch es ist keine schlechte Gewohnheit. Sie ist gut begründet, denn Service und Qualität sind garantiert. Und die Wertschöpfung wirkt sich auch noch in Sichtweite aus.

Nun stellen Sie sich kurz vor: Was passiert in einem kleinen Dorf, sagen wir irgendwo in Oberfranken, wenn der Schreiner keine Motivation mehr hat und mehrmals schlechte Arbeit abliefert? Vielleicht wurde der Betrieb an die nächste Generation übergeben, die der alten Tradition mit betriebswirtschaftlichem Effizienzwahn zu Leibe rückt? So geschehen bei einem hundertjährigen Sanitärbetrieb in meinem Bekanntenkreis. Als Innungsmeister in der ganzen Region bekannt und respektiert heißt es seitdem immer häufiger: „Da musst du nicht mehr hingehen. Da stimmt die Qualität nicht mehr."

Fehler können passieren. Aber auf Kosten der Kunden kurzfristig den Gewinn zu optimieren, ist in diesem engen Kreis unverzeihlich. Schnell macht die Nachricht von der schlechten Leistung im Dorf die Runde. Der Schreiner kann sein Geschäft bald dichtmachen.

Es gilt also ein unausgesprochener Ehrenkodex: Du lieferst mir die beste Leistung und ich bleibe Dir ein treuer Kunde und empfehle Dich weiter. Dieses Konzept basiert auf gewachsenem Vertrauen: Was gut für mich ist, ist auch gut für Dich. Sympathie und Eigennutz greifen wohltuend ineinander. Das ist die Grundlage für erfolgreiches Business-Netzwerken.

Netzwerker, Networker oder Strukturvertrieb?

Diesen Gedanken haben amerikanische Firmen bereits in den 50er Jahren aufgegriffen und begonnen, ihn geschäftstüchtig auszunutzen. Doch erst in den letzten Jahren ist sogenanntes „Multi Level Marketing" auch in Deutschland allgegenwärtig geworden. Obwohl ich viele Strukturvertriebe kennengelernt habe, hat sich mir noch kein Mitarbeiter unter diesem Label vorgestellt. Oftmals heißt es: „Ich bin im Netzwerk-Marketing." Oder kurz: „Ich bin Networker." Die unklaren Begriffe führen dazu, dass manche eine falsche Vorstellung entwickeln könnten, wenn Sie sich als „Networker" oder „Netzwerker" vorstellen.

Auf Netzwerkveranstaltungen werden Ihnen mit Sicherheit auch Vertreter von Strukturvertrieben begegnen. Deshalb ist ein kurzer Abriss des Geschäftsmodells hilfreich.

Netzwerk-Marketing, Multi Level Marketing, abgekürzt MLM und andere Formen des Strukturvertriebs gibt es für zahlreiche Produkte und Dienstleistungen. Die Intention besteht darin, statt eines kleinen Teams hauseigener Vertriebsmitarbeiter ein Netzwerk aus vielen Selbständigen für den Vertrieb des Produktes zu nutzen. Die Firmen erreichen das, indem jeder freie Vertriebspartner das Recht hat, eigene Sub-Partner ins Geschäft zu holen, an deren Umsätzen er nach einem festen Plan beteiligt wird.

Das Prinzip verbildlicht: Stefan kauft oder abonniert ein Produkt und empfiehlt es seinen Bekannten. Wenn sie es auch kaufen, erhält er eine Provision. Zwei seiner Kunden, Sven und Renate, sind von dem Produkt so überzeugt, dass sie ebenfalls Vertriebspartner werden. Sie empfehlen das Produkt ebenfalls weiter. Stefan erhält nun 20 % Provision aus Käufen seiner direkten Kunden und dazu noch einmal 5 % aus den Käufen der Kunden von Sven und Renate.

In diesem kleinen Beispiel verdient Stefan nur ein Taschengeld. Es kann aber beachtlich werden, wenn man über mehrere Stufen in die Tiefe beteiligt ist. Die oberste Regel erfolgreicher Strukturvertriebler lautet:

Wenn Du das kleine Geld willst, verkaufe das Produkt.

Wenn Du das große Geld willst, verkaufe das Geschäft.

Und wenn Du das ganz große Geld willst, verkaufe die Vision.

Darin besteht die große Attraktivität des Strukturvertriebs. Es gibt viele verschiedene Marketingpläne mit unterschiedlichen Berechnungsmodellen. Doch für das Grundverständnis vom MLM genügt uns der klassische, fünfstufige „Unilevel-Plan" in der Abbildung.

Unilevel Plan

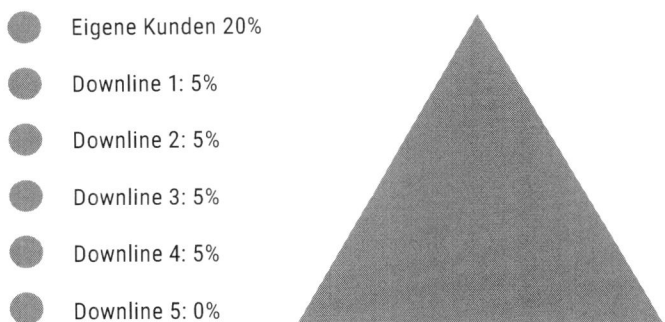

● Eigene Kunden 20%

● Downline 1: 5%

● Downline 2: 5%

● Downline 3: 5%

● Downline 4: 5%

● Downline 5: 0%

Nach fünf Stufen ist in der Regel Schluss. Doch wenn man bei 3125 Kunden nur 3 € im Monat mitverdient, kommt schon eine schöne Summe zusammen. Da viele Kunden jeden Monat wiederbestellen, kann man mit 10.000 € passivem Einkommen im Monat gleich in Frührente gehen.

In der Sache ist das vollkommen richtig. Viele der frischgebackenen Gesundheitsberater, Ernährungsexperten und Internet-Marketer stießen aber schnell auf eine unerwartete Schwierigkeit: Die eigene Motivation. Sie hatten sich eben nicht auf die Erfüllung branchenspezifischer Kundenbedürfnisse und Nachfragen spezialisiert, sondern sie waren vor allem daran interessiert, ihre Teams zu vergrößern. Die 3125 Vertriebspartner aus Stufe 5 wollen aber alle auch wieder 3125 Kunden, um wie versprochen die erhofften 10.000 € zu verdienen. Stellen Sie sich ein Autohaus vor, wo sich Hunderte provisionsbasierter Verkäufer um jeden Kunden streiten, der das Grundstück betritt. Es klingt paradox, doch eben deswegen haben es gerade die Verkäufer großer und erfolgreicher MLM-Firmen oft am schwersten. Die Mathematik setzt hier schneller als erhofft eine Grenze.

Aus solchen Gründen haben MLMer bei klassischen Netzwerkern hin und wieder einen schweren Stand. Mancher klassische Netzwerker tut sich nicht leicht damit, sie an gute Kontakte weiterzuempfehlen. Denn gerade bei

Anfängerr ist man sich nicht sicher, wie lange die Firma noch aktuell sein wird.

In der praktischen Umsetzung gibt es außerdem die Gefahr, dass Qualität und Seriosität auf der Strecke bleiben. Die attraktiven Verdienstmöglichkeiten dieser ungewöhnlichen Branche machen sie leider auch für windige Persönlichkeiten anziehend. Daher ist es bei neuen Begegnungen nicht so einfach auszuschließen, dass anstelle des Produkts und des Kundennutzens doch die Idee vom schnellen Verdienst im Mittelpunkt steht. Es ist amüsant, für welche Produkte und Konzepte sich mancher plötzlich begeistern kann, wenn sie von der Möglichkeit unterlegt sind, das ganz große Geld damit zu machen.

Eine Tatsache, von der Profis im MLM ein Lied singen können, sind Mitbewerber mit „unorthodoxem" Geschäftsgebaren. Wer etwas mehr Erfahrung im Strukturvertrieb hat, kennt den Frust mit Kollegen von dem Schlag, dem fürs einfache Geldverdienen alle Mittel recht sind. Da wird mit Druck und ohne Rücksicht auf Verluste das eigene Team gepusht und ausgebaut. Doch die persönlichen Beziehungen nehmen dabei Schaden, genauso, wie das Vertrauen und die Beziehung zu den Kunden.

Solche Fälle sind ärgerlich für die ganze Branche. Denn der Image-Schaden wirft auch Schatten auf die vielen, die einen sauberen und vertrauensvollen Stil pflegen. Eine gesunde Portion Selbstironie schadet daher nicht, wenn Sie darüber nachdenken, in den MLM-Vertrieb einzusteigen.

Wenn wir die schwarzen Schafe beiseitelassen, füllt das Multi Level Marketing eine wichtige Nische in der Unternehmenswelt aus. Bei Finanzdienstleistern und Nahrungsergänzungsmitteln ist es sogar der dominierende Vertriebsweg. Wenn Sie die richtigen Voraussetzungen mitbringen und für sich das passende Produkt finden, kann sich daraus tatsächlich ein anständiger Nebenverdienst oder sogar noch mehr entwickeln.

Doch lassen Sie sich nicht den Floh ins Ohr setzen, dass über Nacht die Millionen winken. Versucht jemand, Sie auf diese Weise für sein Vertriebsnetzwerk zu werben, dann prüfen Sie genau, ob er wirklich Ihr Vertrauen verdient!

Multilevel-Marketing ist zudem auch persönlich eine intensive und fordernde Angelegenheit. Die Tätigkeit im MLM-Vertrieb bindet Ihr privates Netzwerk deutlich stärker ein als das Netzwerken auf Basis von Empfehlungen. Ihr Leben könnte sich stärker verändern als Sie glauben. Überlegen Sie sich sorgfältig, ob Sie diesen Weg einschlagen möchten. Es ist durchaus möglich, dass Kollegen, Bekannte und Freunde Ihnen den Versuch, sie mit in Ihr Team zu holen, übel nehmen werden. Verwandte könnten Ihre neue Tätigkeit mit Argwohn betrachten. Vielleicht werden Sie auf dem Weg Freunde verlieren. Doch Sie werden auf diese Weise auch Menschen kennen lernen und neue Beziehungen knüpfen.

Hören Sie nicht auf den Hype, sondern vergleichen Sie Firmen, vergleichen Sie Produkte, schauen Sie, wer Ihr optimaler Förderer und wo das optimale Team zu finden ist. Wenn Sie dann wirklich überzeugt davon sind, sich im Strukturvertrieb zu engagieren, dann gehen Sie diesen Weg mit voller Überzeugung und lassen Sie sich von nichts davon abbringen. Mit diesen Voraussetzungen können Sie ein großes, erfolgreiches Team aufbauen. Insbesondere, wenn Sie sich eingehend mit den Techniken des Netzwerkens vertraut machen.

Wenn Sie aber nur einen kleinen Zweifel in sich spüren, ob diese spezifische Tätigkeit wirklich das Richtige für Sie ist, dann lassen Sie besser die Finger davon. Der Friedhof geplatzter Hoffnungen von Anfängern im Strukturvertrieb ist groß. Vier von fünf Vertriebspartnern werden immer zu den ewig Hoffenden gehören und nie groß rauskommen. Zwingen Sie sich nicht zu etwas, das eigentlich nicht zu Ihnen passt.

Es ist besser, Stärken zu stärken, als an Schwächen zu doktern. Wenn es Ihnen nicht liegt, ein Team aufzubauen und zu führen, dann sind Sie vielleicht ein umso begabterer Handelsvertreter für ein Produkt, bei dem Sie am Ende nicht einmal die Provision teilen müssen. Das kann ein zweites Einkommen sein, das besser zu Ihnen passt und weniger Nerven kostet. Und es hat den Vorteil, dass andere Teilnehmer auf Netzwerkveranstaltungen Sie von Anfang an mit offeneren Armen empfangen. Auch dann gilt: Wenn Sie dieses Potential in Verkäufe und Abschlüsse umsetzen wollen, dann setzen Sie sich auf Seminaren und Workshops intensiv mit den Techniken des Netzwerkens auseinander!

Exkurs: Empfehlen mit System

Im Jahre 1985 verlor der kalifornische Unternehmensberater Dr. Ivan Misner seinen größten Auftraggeber und sah sich von der Insolvenz bedroht. In seiner Not lud er seine wichtigsten Freunde und Geschäftspartner ein, beschrieb seinen idealen Kunden und bat sie um Empfehlungen. Die Freunde halfen gerne mit ihren Kontakten und verschafften Dr. Misner so viele Neukunden, dass sein Auftragsbuch voller war als je zuvor. „Das funktioniert doch in beide Richtungen", dachten sie sich und trafen sich wöchentlich, um sich gegenseitig Empfehlungen auszusprechen.

Das so einfache wie geniale System wurde zu einem weltweiten Erfolg und bekam den Namen „Business Network International". Mit Stand 2016 treffen sich 190.000 Menschen in 69 Nationen regelmäßig als Chapter des Business Network International. Im deutschsprachigen Raum sprechen sich über 9.000 Netzwerker regelmäßig gegenseitig geschäftliche Empfehlungen aus. Wenn Sie

BNI noch nicht kennen, empfehle ich Ihnen ein Unternehmerfrühstück in Ihrer Nähe zu besuchen. Was Sie hier in der Theore lesen, erleben Sie dort live.

Das BNI-System ist zum Vorreiter für einen neuen Ansatz geworden: Der Vertriebserfolg entsteht nicht durch das, was ch für mich selber tue. Erfolg entsteht, wenn wir im Team jeweils für den Nutzen der anderen arbeiten. Auf diesen Grundgedanken gehen wir im kommenden Kapitel ausführlicher ein.

II. Vertrieb im Netzwerk: Die anderen können es immer besser

Es gibt etwas, das die anderen so gut wie immer besser können als Sie: Ihre Produkte und Dienstleistungen empfehlen. Es ist ein essentieller Unterschied, ob die Kaufempfehlung von demjenigen kommt, der daran verdient, oder von einem unbeteiligten Dritten. In diesem Kapitel lernen Sie die Essenz des Netzwerkens kennen.

Erinnern Sie sich an die Geschichte vom Schlaraffenland mit den gebratenen Tauben, die sich von selbst auf den Weg zum Empfänger machen? Mich persönlich locken mehr noch die appetitlichen, reifen Trauben, die den Bewohnern dieses mythischen Zauberlands direkt in den Mund fallen. Von einer Seite gesehen ist ein gutes Netzwerk das sprichwörtliche Schlaraffenland. Auf der anderen Seite gibt es einen gravierenden Unterschied zum Land der fröhlichen Faulenzer. Am Ende des Kapitels werden Sie wissen, was ich meine.

Fakt ist: Die größten Erfolge und die besten Geschäfte kommen gerne von selbst und sogar auf Bestellung. Eben ganz so, wie die reifen Trauben für den tiefenentspannten Schlaraffen. Hören Sie sich in Ihrem Bekanntenkreis um und fragen Sie die Unternehmer und Selbstständigen, wie der Kontakt zu ihren besten Kunden zustande kam! Machen Sie eine Strichliste und zählen Sie, wie oft Sie Geschichten hören wie:

„Ich bin dem Projektleiter von XY mal auf einer Party begegnet und ein gemeinsamer Bekannter hat uns vorgestellt."

„Die haben einfach angerufen. Irgendwo hatten sie von uns gehört."

Und hier der Klassiker par excellance:

„Wir wurden von einem langjährigen Kunden weiter empfohlen."

Vergleichen Sie diese Ergebnisse mit den Erfolgsquoten der Gelben Seiten, einer Zeitungsannonce, der guten, alten Telefonakquise aus Kapitel 1 oder auch der ach so mächtigen Google-Suche! Und vergessen Sie dabei nicht, dass für diese Aufträge zumindest auf den ersten Blick so wenig Aufwand betrieben wurde wie für die reifen Früchte im Schlaraffenland.

Sie erkennen das Potential? In welchem Maß Ihnen Erfolge dieser Art gelingen werden, hängt maßgeblich von Ihrem Sozialkapital ab: Wie viele Leute kennen Sie und wie sehr sind diese Leute bereit Ihnen zu helfen?

Kapital und Ressourcen

Wie Sie sehen, liegt der Schlüssel zum Netzwerkerfolg in Ihrem „Sozialkapital". Es lohnt sich, diesen Begriff etwas näher unter die Lupe zu nehmen. Kapital ist im volkswirtschaftlichen Sinne die zentrale Eigenschaft, die einen Unternehmer ausmacht. In der klassischen Sicht nach Karl Marx war das Kapital die Summe der Produktionsmittel: Produktionsausrüstung wie Werkzeuge, Maschinen, Anlagen und Fabriken.

Durch den Wandel von der Industrie zur Dienstleistungsgesellschaft ist der Stellenwert dieses Kapitals gesunken. An Bedeutung gewann das „Humankapital", die gesammelte Kompetenz, das Wissen und die Erfahrung der Mitarbeiter eines Unternehmens.

Eine kleine Illustration gefällig? Dann stellen Sie sich die Konsequenzen für ein Unternehmen vor, wenn plötzlich die Hälfte der Belegschaft fristlos kündigt! Zu Zeiten der Industrialisierung warteten Scharen arbeitsuchender Tagelöhner nur darauf, freie Jobs am Fließband oder im Bergwerksstollen zu übernehmen. Heute machen Headhunter gnadenlos Jagd auf Spezialisten, um sie für horrende Summen an die Konkurrenz abzuwerben. Dank Hochspezialisierung und Fachkräftemangel würde sich keine Firma von einem solchen Super-GAU erholen.

Aus historischen Gründen hat der Begriff des „Human-kapitals" allerdings einen unschönen Beigeschmack. 2004 wurde der Begriff zum „Unwort des Jahres" gekürt. Das Verständnis, was für einen Unternehmer von größter Bedeutung ist, hatte sich aber schon lange vorher weiterentwickelt. Der große Soziologe Pierre Bourdieu schuf 1983 den Begriff des „Sozialkapitals". Der definiert sich als „die Gesamtheit der aktuellen und potenziellen Ressourcen, die mit der Teilhabe am Netz sozialer Beziehungen gegenseitigen Kennens und Anerkennens verbunden sein können." Oder einfacher gesagt: Mit welchen Menschen ist jemand wie gut bekannt?

Der historische Abriss ist nicht nur eine nette Hintergrundgeschichte. Führen Sie sich noch einmal vor Augen, dass es das Kapital ist, aus dem sich ein Unternehmer definiert. Genau das sollte Ihre Priorität als Netzwerker sein. Lernen Sie so viele einflussreiche Menschen so gut kennen wie möglich. Bauen Sie ein Netz tragfähiger und vertrauensvoller Beziehungen auf. Nutzen Sie das Potential von Netzwerkveranstaltungen, um neue Personen kennenzulernen! Frischen Sie alte Bekanntschaften auf und intensivieren und pflegen Sie Ihre bestehenden Business-kontakte. Damit erhöhen Sie das wichtigste Kapital eines Unternehmers, das sich weder auf der Bank noch unter der Matratze horten lässt.

Eine Entwicklung, die ähnliche Einsichten erlaubt, lässt sich am Begriff der Ressourcen nachzeichnen. Denn auch, wenn bisher noch kein Wissenschaftler einen Begriff dafür geprägt hat, ist man sich weithin einig, welche die wichtigste Ressource der modernen Wirtschaft ist. Es ist weder das Öl noch Big Data. Der Rohstoff, ohne den jedes Unternehmen den Laden bald dichtmacht, ist Vertrauen.

Wenn Sie ein Produkt kaufen, drücken Sie damit Ihr Vertrauen aus, dass tatsächlich drin ist, was drauf steht. Wer Ihr Geld nimmt und Ihnen dafür eine Tüte Brötchen oder einen Sportwagen überlässt, kann das, weil er ausreichend darauf vertraut, dass dieses Geld am nächsten Tag auch noch etwas wert sein wird. In Krisenzeiten wird täglich das Vertrauen in die Märkte und in die zentralen Institutionen beschworen.

Dieser Rohstoff lässt sich, wie jede andere Ressource auch, nachhaltig nutzen und dabei bewahren. Oder ohne Rücksicht auf Verluste im Raubbau zu barer Münze machen – mit der Folge, dass bald nichts mehr davon übrig ist. Der schnelle Weg ist verführerisch: Solange Vertrauen vorhanden ist, lässt sich mit sehr wenig Einsatz sehr viel Gewinn abschöpfen. Doch irgendwann wirken sich die verursachten Flurschäden auf ihre Verursacher aus. Wer denkt dabei nicht an die Bankenkrise von 2007 und Namen wie Lehman Brothers?

Zu den Unternehmerpersönlichkeiten, die ich als erfolgreiche Netzwerker kennengelernt habe, würde die hochriskante Spekulation mit getarnten, toxischen Wertpapieren nur schlecht passen. Die erfolgreichsten Netzwerker erhöhen den Wert ihrer Kontakte nicht durch luftige Versprechungen, sondern in der modernen Form des Goldstandards: Durch gewachsenes und begründetes Vertrauen.

Geschickt investieren: Legen Sie Ihr Kapital nachhaltig an!

Bleiben wir bei einem aktuellen Beispiel aus dem Finanzmarkt: Es gibt unterschiedliche Arten, Geld zu investieren. Der Knauser hält seine Groschen zusammen und sieht vor allen Dingen zu, dass ja keiner verloren geht. Kann gut sein, dass ihm die Chancen, die er links und rechts liegen lässt, völlig schnuppe sind. So herumzudümpeln ist auch im Geschäftsleben nicht unbedingt verwerflich. Aber wenn das Ihr persönliches Ziel sein sollte, lesen Sie gerade das falsche Buch.

Dann gibt es den beliebten Typus, der gern mit dem Begriff „Heuschrecke" belegt wird. Ihm geht es einzig und allein um Rendite um jeden Preis. Die Objekte, aus denen der Gewinn generiert wird, ähneln hinterher einer ausgepressten Orange. Ist eine Landschaft komplett abgegrast, zieht der Schwarm einfach weiter. So lässt sich Geld verdienen, aber Stress und Risiko sind beachtlich und der Gedanke an die Langzeitfolgen macht wenig Freude. Der Gedanke, eine Spur ausgepresster Zitrusfrüchte hinter mir zu lassen, entspricht nicht meiner Vorstellung, wie ich gern mein Unternehmen aufbauen möchte.

Schließlich sind da die großen Staranleger: Die mit dem wachen Blick und dem goldenen Händchen. Wo ihre Namen auftauchen, ist der Erfolg allein durch ihre Anwesenheit programmiert. Mit Geduld und Behutsamkeit schaffen sie ein Portfolio an Werten, die wie von selbst einfach immer weiter wachsen, als wäre „aufwärts" die einzig mögliche Richtung. Sagen wir es mal so: In der Frage, wie Sozialkapital sinnvoll investiert werden kann, tendiere ich weniger zu Jordan Belfort und mehr zu Warren Buffet.

Das Puzzlespiel: Machen Sie mehr Umsatz, indem Sie nichts verkaufen!

Ich mag Business-Speed-Dating. Die zufälligen Paare haben dabei jeweils eine Minute Zeit, um sich kennenzulernen. Dann tauschen sie vielleicht Visitenkarten aus, bevor die Paare neu gemischt werden. Das ist witzig. Wenn Sie meine Vorschläge umsetzen, bekommen Sie oder Ihre Mitarbeiter noch genug Gelegenheit, sich damit vertraut zu machen.

Wenn ich der Erste war, stieg ich in der Regel mit meinem knappen Pitch über meine Seminare ein. Danach hatten meine Gesprächspartner ihre Minute. Manchmal klang das so:

„Machen Sie das nur in Deutschland?"

„Öhm, ja. Gegenwärtig schon",
erwiderte ich etwas irritiert.

„Dann sind wir schon fertig. Ich mache
nämlich Übersetzungen."

An anderen Plätzen führte ich ähnliche Unterhaltungen mit Webdesignern oder Experten für Videotechnik. Diese Unternehmer waren nicht zum Netzwerken auf die Netzwerkveranstaltung gekommen. Sie waren nur zum Verkaufen da. Das ist der größte Fehler, den ein Unternehmer, der vom Netzwerk-Effekt profitieren will, nur machen kann. Von willkürlichen Beleidigungen mal abgesehen fällt mir kein besserer Weg ein, um Ihr Netzwerk klein, handlich und überschaubar zu halten.

Menschen haben einen angeborenen Schutzreflex, der wahrscheinlich aus der Zeit der Jäger und Sammler stammt. „Was guckst du so auf meine Brombeeren? Geh weg! Uga!" Wir machen zu, sobald jemand an unser Obst oder unser Geld will. Und dann ist das Gespräch zu Ende. Aber selbst, wenn der Webdesigner Glück hat, ich brauche dringend eine neue Website und er ist der erste der sieben anwesenden Experten, den ich an diesem Abend treffe: Dann bin ich gerademal EIN Kunde.

Stellen wir uns stattdessen vor, er hätte dieses Buch gelesen. Dann kaufe ich bei ihm immer noch keine Webseite. Aber aus unserem kurzen Gespräch entstehen ein guter Eindruck und ein angenehmer Kontakt. Der Mann hat ja durchaus etwas zu bieten. Vielleicht kann er neben Webseiten auch noch ordentliches SEO, sprich Suchmaschinenoptimierung?

Nun hat sein Netzwerk mit mir einen neuer Multiplikator mit deutlich über 1.000 Geschäftskontakten gewonnen. Wann immer im Gespräch mit einem meiner Kontakte demnächst das Stichwort Website und Suchmaschinenoptimierung fällt, kommt mir sofort eine Idee, wen ich dazu empfehlen kann. Schade, daraus wird nun nichts. Denn als klar war, dass ich nichts kaufe, wollten mir die Übersetzer, Webdesigner und Videoprofis gar nicht mehr verraten, was sie eigentlich Besonderes auf Lager hatten.

Dabei freue ich mich immer über ein neues Puzzleteil für das große Spiel, das im Netzwerk täglich neue Formen annimmt. Haben Sie früher manchmal mit Puzzles gespielt? Es ist gleichzeitig eine interessante Herausforderung und eine große Befriedigung, wenn einzelne Teile passend miteinander verbunden werden und sich allmählich ein stimmiges Gesamtbild ergibt. Zwischen einem Puzzle und dem Netzwerken gibt es viele Parallelen.

Stellen wir uns im übertragenen Sinne vor, dass jeder Mensch ein Puzzleteil ist. Er hat an einer Stelle etwas zu bieten und an anderer Stelle benötigt er etwas. Manche haben genau das, was ihm gerade fehlt, im Angebot. Andere wiederum suchen, was er zu bieten hat. Die Teile unterscheiden sich und jedes ist anders. Es gibt Spezialisten, die nur eine Sache zu bieten haben, doch die in entsprechend ausgesuchter Qualität. Andere kombinieren viele Qualifikationen und entwickeln daraus vielleicht sogar ein überzeugendes Gesamtpaket. Ebenso verhält es sich mit den Gesuchen. Wenn Sie darauf achten, werden Sie Menschen begegnen, die für alles offen sind und anscheinend gar nichts anbieten. Andere schieben einen vollgeräumten Bauchladen vor sich her, wollen allen alles verkaufen, aber Angebote von anderen sind komplett uninteressant. Gönnen Sie sich den Spaß und achten Sie künftig darauf!

So weit, so simpel. Wenn all diese Puzzleteile nun aber durch puren Zufall zueinander finden sollen, wird nur selten ein sinnvoller Kontakt entstehen. Deswegen ist allen geholfen, wenn ein guter Netzwerker mit Übersicht und Fingerspitzengefühl die einen mit den anderen zusammenbringt. Je mehr solche hochkarätigen Knotenpunkte ein Netzwerk besitzt, desto wertvoller ist es für alle, Teil dieses Netzwerks zu sein.

Nur eins fehlt immer noch. Erinnern Sie sich? Sie wollten doch eigentlich Umsatz machen! Stattdessen haben Sie erstmal nur die schöne Befriedigung, wenn eins zum andern kommt. Das ist ein Hochgenuss für alle Beteiligten. Nur aufs Brot schmieren können Sie sich den nicht. Trotzdem ist die gegenseitige Hilfe die Grundmotivation in einem funktionierenden Netzwerk. Warum? Weil jede hilfreiche Vermittlung eine Einlage in Ihr Sozialkapital bedeutet. An jeder Transaktion, die über Sie zustande gekommen ist, verdienen Sie mit. Jeder Ihrer Kontakte im Netzwerk kennt Ihr Angebot und Ihren Bedarf. Wenn Sie Ihr Sozialkapital geschickt investieren, zahlt sich das auch in Aufträgen und Umsatz für Sie aus.

Die Macht des Netzwerks: Selbst schuld, wer sie nicht nutzt

Haben Sie jemals einen Landwirt gesehen, der in guten Zeiten sein Saatgut aufisst? Natürlich nicht. Er pflanzt es ein und pflegt die jungen Triebe. Dadurch werden sie größer und werfen mit der Zeit das Hundertfache an Früchten ab. Beim Netzwerken ist es dasselbe. Aber die meisten wollen immer gleich kleine Brötchen aus dem Saatgut backen.

Um das zu illustrieren, hilft eine praktische Funktion bei XING. Auf der wichtigen Businessplattform ist gut zu erkennen, wieviel Netzwerk-Potential sich ergibt, wenn Sie nicht nur Ihre direkten Kontakte, sondern auch die zweiten und dritten Grades berücksichtigen.

Sagen wir, ich hätte 750 direkte Kontakte. Nun kann ich versuchen jedem davon meine Leistungen zu verkaufen. Nach der 100-10-1 Regel habe ich dann in einem optimistischen Szenario sieben neue Kunden. Davon entwickeln sich vielleicht zwei bis drei zu der Art von Stammkunden, von denen ein mittelständisches Unternehmen lebt. Nennen wir das mal „nett".

Aber das war's dann auch. Damit ist mein gesamtes, in mühevoller Arbeit aufgebautes und gepflegtes Netzwerk abgegrast. Nochmal kann ich diese Leute nicht fragen, ob sie meine Seminare vielleicht doch buchen wollen. Nicht, ohne meinen Ruf zu beschädigen. Mein Saatgut ist aufgebraucht. Neu angepflanzt habe ich nichts. Und geerntet habe ich ein bis drei Kunden. Das sind ein bis drei Kontakte, die mich nun vielleicht ihren Bekannten weiterempfehlen. Zwei bis drei – statt bis zu 750.

750 · · · · · · · · **320.000** · · · · · · **2.500.000**

| **Direkte Kontakte** | **Kontakte von Kontakten** | **Kontakte 3. Grades** |

Für den geschickten Netzwerker sieht das Zahlenspiel ganz anders aus. Während in der Kaltakquise aus 100 Anrufen zehn Interessenten und ein Kunde werden, führe ich beim Networking vier Gespräche. Von diesen vier Personen ist die eine Hälfte wunschlos glücklich. Die anderen zwei brauchen irgendetwas und sind für eine Empfehlung aus meinem Netzwerk dankbar. Einer springt noch ab und mit einem kommt ein Abschluss zustande. Nicht unbedingt mit mir selbst. Aber der Erfolg für meinen Geschäftspartner füllt mein Beziehungskonto. Damit bekomme ich von seiner Seite her auch gewinnbringende Empfehlungen, die für mich ganz praktischen Umsatz bedeuten.

Angewendet auf das Xing-Beispiel: Wenn es mir gelingt, viele meiner direkten Kontakte zu guten Multiplikatoren auszubauen, die gerne von mir sprechen, erhalte ich Zugang zu einer eindrucksvollen Anzahl von Personen. Sehen Sie sich an, wie viele Kontakte ersten und zweiten Grades mit nur 750 Verknüpfungen zusammenkommen. In dieser enormen Reichweite können Partner, die mit mir gute Erfahrungen gemacht haben, mich nun weiterempfehlen. Wie gut das gelingt, liegt in Ihrer Hand. Sie sind neugierig, wie das am besten funktioniert? Die kurze Antwort lautet: Helfen Sie sich gegenseitig. Die ausführlichere Antwort erwartet sie in den folgenden Kapiteln.

Mein Elevator Pitch beim Business-Speed-Dating war übrigens genau darauf ausgelegt. Ich habe meine Seminare angesprochen und ausdrücklich nach Trainern aus der Region gesucht, um mit ihnen eine gemeinsame Veranstaltung in ihrer Stadt zu organisieren. Ich habe nicht versucht, meine Gesprächspartner als Teilnehmer zu gewinnen. Deshalb hat sich der Abend für mich gelohnt: Ich konnte zufrieden einige neue, gewinnbringende Kontakte verbuchen.

70-20-10: Wer weniger fragt, bekommt mehr geholfen

Erfolgreiche Netzwerker beherzigen die 70-20-10 Formel. Sie beschreibt die sinnvollste Zeiteinteilung als Orientierung innerhalb der Netzwerkarbeit. Ich empfehle, diese Anteile vor allem zu Beginn möglichst diszipliniert einzuhalten. So kommen Sie an viel Kapital, das sich anschließend aussichtsreich investieren lässt.

Zu 70 % meiner Netzwerkzeit bin ich bemüht, anderen zu helfen. Ich sehe mich um, wo die Bedarfe und Angebote liegen, helfe Puzzleteilen, zusammenzukommen und fülle damit mein Beziehungskonto. Klingt nach Arbeit? Ist es auch. Das hier ist die Stelle, an der die Analogie mit dem Schlaraffenland kippt. Aber ist es nicht eine angenehme Arbeit, zwei Leuten einen Gefallen zu tun und sich selbst gleich mit? Und denken Sie dazu im Vergleich noch einmal an den Alltag der klassischen Kaltakquise.

Zu 20 % präsentiere ich mich selbst, damit andere wissen, worin der Nutzen meines Produktes bzw. meiner Dienstleistung liegt. Diese 20 % müssen stimmen. Schließlich bin ich ja auch ein Puzzleteil und wünsche mir eine ganze Reihe passender Begegnungen. Damit das möglich wird, müssen meine Partner möglichst exakt wissen, was ich derzeit zu bieten habe und warum das empfehlenswert ist. Sie wollen dringend wissen, wo es bei mir derzeit Bedarfe gibt und wen sie mir dafür als Löser vermitteln können. Erst dann und nur zu 10 % bitte ich selber um Hilfe und Kontaktanbahnung für mich. Das funktioniert umso besser, je schärfer das Profil des Netzwerkers ist.

Sie können diese Pyramide auf den Kopf stellen und die meiste Zeit damit verbringen, bei Ihren Partnern für eventuelle Aufträge anzufragen. Sie können sich gleichzeitig vorstellen, wie das bei Ihren Partnern ankommen würde. Egoistisch, wenn nicht gar vermessen. Es muss schon ein sehr guter Freund sein, der nach dem dritten Kalt-Anruf in der Woche noch immer bestrebt ist, Ihnen den erhofften Gefallen zu tun. Erfahrene und erfolgreiche Netzwerker verbringen deshalb die meiste Zeit damit, ihr Beziehungskonto aufzufüllen. Der Rest läuft dann fast von selbst.

Empfehlungsmanagement: Der Schlüssel zum Erfolg ist ein alter Hut

Empfehlungen: Darum geht es, das ist es, was sich jeder im Netzwerk erhofft, wofür wir ackern und uns gegenseitig unterstützen. Ihre Dienstleistung und Ihr Produkt müssen empfehlens-WERT sein. Dabei kann ich Ihnen nur bedingt helfen. Wobei ich Ihnen helfen kann: Dass Ihre Leistung die gebührende Aufmerksamkeit erhält. Ich zeige Ihnen, wie Sie Ihre Partner weiterempfehlen und wie Sie daraufhin auch selbst empfohlen werden.

Aufregend, sagen Sie? Ein alter Hut, sage ich. Ein schöner Hut, einer, auf den ich nie im Leben verzichten möchte. Nur neu ist er nicht. Seit es Handel, Handwerk und Unternehmungsgeist gibt, ist er der Schlüssel zum Erfolg: Der gute Ruf. Sie kennen die Faustregel von der Mundpropaganda bei Neueröffnungen: Die ersten zwei Jahre muss sich jeder Gründer durchbeißen. Doch ab dem dritten Jahr läuft es wie von selbst. Die Formel ist etwas vereinfacht, aber sie hat sich schon unzählige Male bewahrheitet.

Beispiel gefällig? In meinem Bekanntenkreis gibt es eine Yogalehrerin, die ihr eigenes Studio aufgemacht hat. Im ersten Jahr hat sie sich alle Mühe gegeben, die Werbetrommel zu rühren. Sie hat sogar eigens hübsche Holzkästen in Auftrag gegeben und ein Fahrrad als Werbeträger ausstaffiert, um ihre Flyer an strategischen Punkten im

Viertel platzieren zu können. Daraufhin kamen auch ein paar Leute. Inzwischen hat sie das berühmte dritte Jahr hinter sich. Nun ist es schwierig, in ihrem Studio noch einen Platz zu bekommen.

Passenderweise ist diese Yogalehrerin für ihre Leidenschaft bekannt, ihre Teilnehmer in allen Lebenslagen zu unterstützen. Der Teeraum, wo sich die Teilnehmer oft viel länger als die geplante Viertelstunde in schöner Runde aufhalten, hat sich innerhalb von drei Jahren zum Network-Cluster entwickelt, wo Menschen mit größter Selbstverständlichkeit die unterschiedlichsten Empfehlungen austauschen. Viele bringen inzwischen nicht nur Freund und Freundin, sondern auch Geschwister, Eltern und WG-Nachbarn mit zum Probekurs. Nebenbei erwähnt: Diese Yogalehrerin legt schon seit langer Zeit keine Flyer mehr aus.

Im Durchschnitt beginnt bei einem soliden Geschäft nach drei Jahren die Mundpropaganda ihre Wirkung zu entfalten. Der Grundstein des nachhaltigen Erfolgs ist der gute Ruf. Das ist nicht nur für erfahrene Mittelständler ein alter Hut. Doch dieser Hut ist ein unsterblicher Klassiker. Und mit Finesse getragen erzeugt er ungeahnte Effekte. Professionelles Netzwerken heißt nichts anderes, als die Wirkung des guten Rufs im Netzwerk zu aktivieren, auszubauen und unnötige Blockaden zu entfernen.

Gehen wir zurück zu unserem Beispiel aus Kapitel 1: Stellen Sie sich vor, Sie sind immer noch der Entscheider einer mittelgroßen Firma. Doch diesmal ruft Sie kein anonymer Verkäufer an, sondern ein Kollege, den Sie kennen und schätzen. Ein guter Bekannter, dem Sie vertrauen und der Ihnen sogar bereits einige Aufträge verschafft hat. Er kennt die aktuelle Bedarfslage für eines Ihrer wichtigsten Projekte und berichtet Ihnen von einem Dienstleister, mit dem nicht nur seine eigene Firma überaus zufrieden ist, sondern auch mehrere seiner Kontakte. Dieser Dienstleister sei zuverlässig, kompetent, schnell und seinen Preis, auch wenn der etwas über dem Durchschnitt liegt, unbedingt wert. Ihr Kollege erkundigt sich nach Ihrem Interesse und bietet Ihnen an, Sie mit dem Dienstleister in Kontakt zu bringen.

Welche Wertschätzung würden Sie dieser Empfehlung entgegenbringe, im Vergleich zum Akquisegespräch aus dem ersten Beispiel? Das offene Ohr sind Sie nicht zuletzt Ihrem Kollegen schuldig, der Ihnen bereits Geschäfte vermittelt hat. Es ist ja in Ihrem eigenen Interesse, denn Sie wissen: Diesem Partner können Sie vertrauen. Das ist die Macht der Empfehlung.

Hier noch einmal die Vorteile des Empfehlungsmarketing im Überblick, um bei Ihnen die Lust ordentlich anzuheizen:

Sie brauchen keine Leads zu sammeln.

Sie müssen keine Kaltanrufe tätigen.

*Sie müssen die Kunden nicht monatelang
auf Wiedervorlage verschieben.*

Sie haben nur mit wirklich interessierten Anfragen zu tun.

Beim Vor-Ort-Termin werden Sie freundlich empfangen.

Sie haben eine höhere Abschlusswahrscheinlichkeit.

*Es ist unwahrscheinlich, dass Ihr Interessent ein
Trittbrettfahrer ist und Ihr Angebot missbraucht.*

*Weil der Kunde Ihren Service zu schätzen weiß,
müssen Sie nicht über den Preis verkaufen.*

Der Kunde hat eine bessere Zahlungsmoral.

Ihre Beziehung zum Empfehlungsgeber wird gestärkt.

Dieser Weg ist um ein Vielfaches leichter, angenehmer und auch noch billiger, denn sie haben kaum direkten Marketingaufwand und eine deutlich bessere Umwandlungsquote. Ihre direkten Kontakte werden ihnen vorrangig interessierte und interessante Kontakte vermitteln.

Gleichzeitig braucht dieser Weg aber eine gehörige Portion Vertrauen in Ihr Angebot und in die Hilfsbereitschaft

Ihrer Netzwerkkontakte. Denn anders als in der Kaltakquise können Sie nur vermittelt steuern und eingreifen. Im entscheidenden Moment, wenn irgendwo dort draußen über Sie gesprochen wird, sitzen Sie ja nicht mit am Tisch. Wie Sie die Mechanik einer gewinnbringenden Empfehlung optimal steuern können, erfahren Sie in Kapitel 3. Doch zunächst wartet noch eine Hand voll Fragen auf Sie, denen Sie besser nicht ausweichen sollten.

Persönlich und verbindlich

ein Gastbeitrag von Walter Stuber,
Gesellschafter-Geschäftsführer
Gemeinhardt Gerüstbau Service GmbH

Mein Vater hatte den ältesten Beruf der Welt: Er war Bauer, oder feiner ausgedrückt, „Landwirt". Wenn er Vieh oder Waren verkauft hat, reichte ein Handschlag, um das Geschäft zu besiegeln. Wenn heute verbindliche Geschäfte getätigt werden, dann nie ohne Verträge in mehrfacher Ausführungen und etliche Unterschriften.

Woran liegt das? Ist es das Misstrauen, dass der Geschäftspartner sich nicht an das hält, was man mündlich vereinbart hat? Oder waren die Menschen früher verbindlicher im Umgang miteinander?

Verbindlichkeit – das bedeutet, dass ich zu dem stehe, was ich versprochen habe und die Konsequenzen daraus trage. Bei mir wurde das schon in der Kindheit eingeübt, im Familienkreis und bei Freunden. Davon habe ich später im Berufsleben profitiert. Auch hier ist ein verbindlicher Umgang wichtig, vor allem beim Aufbau eines Geschäfts und in der Unternehmensleitung. Mitarbeiter, Kollegen und Geschäftspartner müssen wissen, dass sie sich auf mich verlassen können.

Als Unternehmer bin in unterschiedlichen Netzwerken aktiv, zum Beispiel im Bundesverband mittelständische Wirtschaft (BVMW) oder bei Business Network International (BNI). Auch hier ist Verbindlichkeit ein unersetzliches Gut. Das fängt für mich mit der regelmäßigen Teilnahme an den Netzwerktreffen an. Auch wenn es manchmal terminlich eng wird, sollen andere Mitglieder der Gruppe auf mich zählen können.

Verbindlichkeit bedeutet für mich auch, dass ich bei einer Geschäftsempfehlung, die ich im Rahmen meiner Netzwerke weitergebe, den Partner sofort darüber in Kenntnis setze, damit er sich auf den neuen Kunden einstellen kann.

Und wenn unsere Firma weiterempfohlen wurde, nehme ich kurzfristig Kontakt zum potentiellen Kunden auf und bin darauf bedacht, innerhalb von einer Woche ein Angebot abzugeben. Nach ein bis zwei Tagen höre ich dann dort nach, um eventuell entstandene Fragen zu klären. Kommt es dann zu einem Auftrag, bedanke ich mich selbstverständlich.

Dass unser Unternehmen den Auftrag mit größter Sorgfalt ausführt und am Ende nur das abgerechnet wird, was vereinbart wurde, gehört für mich auch zum korrekten, verbindlichen Umgang mit unseren Kunden. Der hört für mich übrigens nicht mit der Zahlung des Auftrags auf. Wir wollen in guter Erinnerung bleiben. Deshalb schreibe ich gerne persönliche Postkarten oder Briefe an unsere Auftraggeber.

Ich habe den Eindruck, dass der Wert der Verbindlichkeit in unserer Gesellschaft ins Hintertreffen gerät. Das wundert nicht, denn er wird in Schulen, in der Ausbildung und im Studium kaum thematisiert. Umso wichtiger ist mir, dass ich in den Bereichen, die ich beeinflussen kann, Verbindlichkeit lebe und im täglichen Umgang miteinander anderen diese Tugend ans Herz lege.

Verbindlich leben ist nicht immer der einfachste Weg, denn manchmal kostet es auch Kraft, Zusagen, die ich gegeben habe, einzuhalten. Aber am Ende bewahrheitet sich immer das Motto meiner Arbeit und meiner Aktivität als Netzwerker: „Wer gibt gewinnt"!

Checkliste: Sind Sie empfehlenswert?

Denken Sie an Ihren wichtigsten Kunden. Sie kennen sich seit Jahren und Sie machen seit langer Zeit zusammen gute Geschäfte. Der Kunde vertraut Ihnen und ist deswegen für Ihre Empfehlungen offen. Gleichzeitig vermittelt er Ihnen in schöner Regelmäßigkeit Kontakte, die Gold wert sind. All das beschädigen Sie, wenn sich eine Ihrer Empfehlungen als unseriös oder unzuverlässig herausstellt.

Genau so denken andere über Sie. Wenn man Sie noch nicht kennt, wird man Ihnen keine großen Empfehlungen aussprechen. Wahrscheinlich wird der Empfehlungsgeber mit einem eigenen Test-Kauf beginnen oder Sie an einen C-Kunden empfehlen. Dann wird er beobachten, wie gewissenhaft Sie diesen Auftrag umsetzen. Bewähren Sie sich hier, dann wartet der wertvolle Kontakt zu den ganz großen Kunden.

Vor dem Schreiben dieses Buches stellte mir ein Partner folgende Frage: Wieso würdest du dein Buch lieber kaufen als eins von denen, die du selbst vorher gelesen hast? Da muss man als Autor mit einem einmaligen, supertollen Projekt im Kopf erstmal schlucken. Aber ich wusste, wie die Frage gemeint war und konnte sie stehen und wirken lassen. Sie halten jetzt diesen schmalen Band in der Hand, weil ich eine Antwort gefunden habe, die mich und meinen Gesprächspartner wirklich überzeugt hat. Das Buch mag nicht als Bibel des Networkings in die Geschichte eingehen. Doch ich finde an diesem Text einige Stärken, die ihn aus der Menge der einschlägigen Literatur herausheben. Nach der Überarbeitung meines Konzeptes konnte ich die Frage meines Bekannten mit Überzeugung beantworten: Ja, ich würde jedem Interessierten eine Hand voll Bücher empfehlen. Und dieses hier wäre aus gutem Grund mit dabei.

Wäre mein Buch nur eine Sammlung hohler Floskeln, dann hätten Sie schwerlich bis hierhin gelesen und mit Sicherheit würde sich nie jemand auf Ihre Empfehlung hin für meine Seminare interessieren. Es gibt nur ein erstes Mal. Kein potentieller Partner wird bei Ihrer zweiten Kontaktaufnahme noch so offen und unvoreingenommen sein, wenn beim ersten Versuch irgendwas nicht gepasst hat. Bevor Sie sich daran machen, auf dem Feld Ihrer Kontakte eine reiche Ernte einzufahren, sollten auch Sie sich deshalb einige ehrliche Fragen stellen.

Nun ist es bekanntermaßen so, dass wir uns gern um unbequeme Wahrheiten drücken. Im Gespräch mit uns selbst funktioniert das besonders gut. Deshalb ist es eine schlechte Idee, den Selbsttest im Selbstgespräch zu absolvieren. Besser, Sie machen das im vertrauensvollen Gespräch mit einem Bekannten, der die Erfahrung, das Fachwissen und den Weitblick hat, um Ihre Selbstgewissheit kritisch auseinanderzunehmen. Das ist eine klassische Übung bei der Entwicklung von Geschäftsideen und

Businessplänen. Daher auch sehr zu empfehlen, wenn Sie Ihr Empfehlungspotential ausloten möchten.

Es empfiehlt sich, mindestens einen, besser aber zwei oder drei Menschen zu haben, denen Sie ein kritisches, ungeschöntes und fachlich relevantes Urteil zutrauen. Überlegen Sie, wer das sein könnte. Für diesen Selbsttest werden Sie diese Kritiker noch mehrmals brauchen.

1. Haben Sie ein klares Alleinstellungsmerkmal?

Dies ist die Grundvoraussetzung, um Sie empfehlen zu können. Was macht Sie besonders? Aus welchem Grund erzähle ich meinen Partnern gern von Ihnen und Ihrem Angebot? Preis, Produktqualität, Beratungsleistung, Zertifikate? Ich will nicht nur Anbieter, sondern echte Löser in meinem Netzwerk. Je höher eine Branche entwickelt ist und je professioneller Ihre Konkurrenz auftritt, desto wichtiger werden h er die weichen Faktoren.

Ein kle nes Beispiel: Ich habe Bekannte in Russland, genauer gesagt aus dem nördlichen Kaukasus. Die Wirtschaft befindet sich dort in einer faszinierenden Mischung aus Gründerzeit und Wildwest-Stimmung. Nun beschlossen meire Bekannten, ihre Eigentumswohnung komplett zu renovieren. Dafür brauchten sie einen kompetenten Baudienstleister. In einem solchen Fall ist es dort üblich, einen Zettel an den Zaun der nächsten S-Bahn-Haltestelle zu pinnen und abzuwarten, wer sich so alles meldet.

Der erste Trupp stand nach zwei Tagen in der Wohnung. Eine Gruppe reisender Handwerker, die mal hier, mal da auf Auftragssuche sind und nie lange an einem Ort verweilen. Auf jede Frage gab es sofort eine Lösung. Alles und mehr war selbstverständlich möglich und zum besten Preis. Die schönsten Ergebnisse wurden leichtfertig versprochen und so entstand schnell ein windiger Eindruck.

Ganz anders der Meister, der am Tag darauf die künftige Baustelle in Augenschein nahm. Schnell kam von ihm die klare Ansage, dass die meisten Vorstellungen der Bauherren so gar nicht gingen. Gefolgt von einer kurzen Erläuterung, weshalb es notwendig war, vor der schönen Oberfläche an der Substanz zu arbeiten. Jedes Mal, wenn die Hausherrin eine schnelle und einfache Abkürzung vorschlug, war sein Kommentar: „Nina Aleksejewna, ich kann das so nicht machen. Sie wissen doch, wo ich wohne. In einem Jahr stehen Sie dann vor meiner Haustür und beschweren sich bitter." Die Arbeiten sind inzwischen abgeschlossen. Der Meister, der auch seine bewährten Kollegen mit ins Spiel gebracht hatte, wurde von meinen Bekannten schon zweimal weiter empfohlen.

Solche Leute will ich in meinem Netzwerk versammeln. Spezialisten, die zuverlässig Lösungen finden und aus Überzeugung die Extrameile gehen. Wenn Sie also irgendwann eine Baukolonne im Nordkaukasus suchen: Ich kann Ihnen da gerne jemanden empfehlen.

Praxistip: Erklären Sie Ihren Kritikern Ihre Alleinstellungsmerkmale. Tun Sie das solange, bis Ihnen diese grundlegenden Aussagen klar, locker und nachvollziehbar über die Lippen kommen! Genau an dieser Stelle möchten Sie sich kein nachdenkliches Stocken und keine Unklarheit leisten.

2. Können Sie seriös auftreten?

Es gibt keine zweite Chance für den ersten Eindruck. Wenn man Sie nicht als seriös einstuft, wird man Ihnen keine eigenen Kunden empfehlen. Dabei zählt nicht, was Sie über sich denken, sondern wie andere über Sie denken. Die Wirkung der Kleidung dürfen Sie an dieser Stelle nicht unterschätzen. Doch Kleider machen Leute nur auf den ersten Blick. Die Entscheidung über die Einstellung Ihres Gegenübers zu Ihnen fällt während der ersten drei Sätze, die er von Ihnen hört.

Praxistipp: Werfen Sie sich für ein Netzwerktreffen in Schale und tragen Sie Ihren Lieblingskritikern Ihren Elevator Pitch vor. Ecken und Kanten in Ihrem

Kommunikationsstil lassen sich dabei zielsicher identifizieren und allmählich ausarbeiten.

3. Kommen Sie einer Empfehlung binnen zwei Tagen nach?

Einer Empfehlung sollte innerhalb eines Tages nachgegangen werden, spätestens nach zweien. Wenn Sie Ihre Empfehlungen vernachlässigen, wird man Ihnen bald keine weiteren geben.

Praxistipp: Spielen Sie eine Empfehlungssituation nach und überprüfen Sie genau, ob die notwendigen Informationen in Ihrem Workflow an der richtigen Stelle ankommen. Nutzen Sie zum Test nicht die Standardsituation auf dem Netzwerkfrühstück, wo Sie gut vorbereitet sind. Auch bei einer Zufallsbegegnung an der Supermarktkasse können sich Empfehlungen ergeben.

Wie stellen Sie sicher, dass Sie alle Angaben der Empfehlung zeitnah zur Verfügung haben und innerhalb eines Tages verlässlich darauf reagieren, ohne sich auf das Gedächtnis verlassen zu müssen? Sie stecken einen Zettel in die Innentasche des Jacketts oder sprechen eine Notiz ins Smartphone? Gut. Gehört es auch zu Ihrem festen Workflow, täglich einen Blick in diese Tasche zu werfen oder die Notizen am Smartphone zu prüfen? Unsicherheiten an dieser Stelle rufen nach Optimierung in der Selbstorganisation und cem Zeitmanagement.

Ein Standardwerkzeug dafür sind To-Do-Listen. Darin können Sie festhalten, regelmäßig die Ablageorte für spontanen Notizen zu überprüfen, damit Ihnen auch in Hochstress-Phasen mit Sicherheit nichts entgeht.

Dieses bewährte Mittel hilft mir, mich durch Tage und durch Wochen zu strukturieren. Allerdings sind Strategien nötig, damit die Liste nicht selbst zum Stressfaktor wird. Anfangs habe ich die Punkte einfach runtergeschrieben und mit den angenehmsten oder kleinsten Aufgaben angefangen. Dadurch schob ich manche Arbeitsschritte ewig vor mir her.

Mittlerweile priorisiere ich meine To-Do Listen in vier Kategorien. Wenn eine Aufgabe wirklich wichtig ist, mache ich den horizontalen Strich zu einem Plus. Dann gehe ich die Liste nochmal durch und mache einen Kringel um alle Striche und Pluszeichen, die auch zeitlich dringend sind. Daraus ergeben sich meine Prioritäten: Erst das Wichtige und Dringende. Dann das Wichtige. Danach erst das Unwichtige und Dringende. Zuletzt alles andere, sofern es sich nicht streichen oder delegieren lässt.

Empfehlungen nachzugehen ist immer wichtig und dringend, denn ich bin es nicht nur mir selbst, sondern auch meinem Empfehlungsgeber schuldig, dass ich mich verlässlich um seinen Geschäftspartner kümmere.

4. Sind Sie in der Lage, eine Bestellung in der besprochenen Qualität und zum vereinbarten Preis zu liefern?

Es ist nicht schön, eine Anfrage abzulehnen. Aber es kann fatal sein, eine Vereinbarung nicht zu erfüllen. Wenn Sie nicht halten, was Sie zusagen, werden Ihnen das sowohl der Kunde als auch der Empfehlungsgeber übel nehmen. Das ist gar nicht so banal, wie es vielleicht klingt. Denn die Erwartungen, die Ihre Partner an Sie haben und mit denen Sie auch empfohlen werden, hängen davon ab, wie Sie sich präsentieren.

Während der Einstiegsphase wollen sich viele Gründer die seltene Chance auf einen Abschluss auf keinen Fall entgehen lassen. Netzwerkneulinge neigen leichter als gedacht dazu, unrealistische Leistungen anzukündigen, um der Erwartung zu entsprechen.

Das ist ein sicherer Weg, um eine gute Geschäftsidee im Burnout oder im Nirwana einer beschädigten Reputation zu versenken. Versprechen Sie, was Sie halten können und halten wollen. Stellen Sie selbstbewusst Ihre Konditionen auf! Im Netzwerk sprechen sich schlechte Nachrichten schneller herum als gute.

Und auch hier gilt: Ob Sie diesen Teil des Tests in der Praxis bestehen, hängt allein von Ihnen ab.

5. Geben Sie mehr zurück, als Sie bekommen?

Wieso Sie das tun sollten? Erinnern Sie sich an das Beispiel vom Sämann. Nein, nicht das aus der Bibel, sondern das mit dem Bauern, der sein Saatgut ausbringt, anstatt es aufzuessen. Das ist schön und gut. Wissen Sie, was ein Bauer machen muss, wenn er ein richtig großes Feld anlegen will? Er wirft den größten Teil der Ernte gleich wieder aufs Feld.

So können Sie auch Ihr Sozialkapital „reinvestieren". Ruhen Sie sich nicht aus, nachdem das eine oder andere Mal eine Empfehlung ins Haus geflattert ist. Wenn Sie Ihr Netzwerk nachts leise und fröhlich brummen hören wollen, wie einen emsigen, fleißigen Bienenstock, dann pflegen Sie es.

Denken Sie an das Adventswichteln. Wenn alle ein Geschenk wollen, aber keiner eins mitbringt, wird das eine ziemlich traurige Veranstaltung. Sie sollten immer bestrebt sein, den ersten Schritt zu machen und mindestens so viel für andere zu tun, wie die für Sie. Die Rendite kommt, verlassen Sie sich drauf!

Praxistipp: Verschenken Sie zur nächsten Wichtelrunde eine Rolex und freuen Sie sich auf das kommende Jahr! Gut, ich gebe zu, dieser Übungsvorschlag ist nicht ganz ernst gemeint. Das Prinzip dahinter aber umso mehr. Fangen Sie nur nicht an, zu helfen und zu geben, weil Sie etwas dafür erwarten. Diese Erwartungshaltung wird jeder Partner, der nur über ein kleines bisschen Intuition verfügt, spüren. Und die Leute im Netzwerk, die einfach aufrichtig helfen wollen, sind einfach die angenehmsten Partner, die sich am wärmsten weiterempfehlen lassen.

Die Empfehlung ist ... mies

Ich hörte den Stolz in Daniels Stimme am Telefon. Die E-Mail an mich war noch im Postausgang, als er mich schon anrief, um sie zu erläutern. So zufrieden war er, als er sich bei mir zum ersten Mal mit einer geschäftlichen Empfehlung revanchieren konnte. Er schwärmte mir von seinem Geschäftsfreund vor und betonte, wie groß sein Interesse an einer Zusammenarbeit mit mir wäre. Nur wenig später meldete ich mich bei seinem Kontakt und machte eine etwas unerwartete Erfahrung.

Der Gesprächspartner fragte mürrisch nach, wer ich eigentlich wäre. Wie es aussah, hatte er weder interessiert auf meinen Anruf gewartet, noch das kleinste Interesse an meinem Angebot. Daniel musste einige Signale etwas falsch interpretiert haben. Wenn ich es nicht wirklich besser wüsste, wäre ich davon ausgegangen, ich hätte mich verwählt.

Als ich Daniel das nächste Mal sah, kam das natürlich zur Sprache. Ich ließ ihn deutlich wissen, wie enttäuscht ich über die schlechte Empfehlung war und dass ich irritiert bin, was für schwer umgängliche Leute er als seine besten Geschäftsfreunde bezeichnet. Seitdem ist der Kontakt zu Daniel deutlich abgekühlt. Obwohl er einige Zeit später selbst schon sehr gut vernetzt war, habe ich lange Zeit nie wieder eine Empfehlung von ihm bekommen.

Das war mir eine wertvolle Lektion. Eine Geschäftsempfehlung ist noch kein Geschäftsabschluss. Es kann immer etwas dazwischenkommen. Der gröbste Fehler ist aber, sich den Empfehlungsgeber zu verprellen. Oftmals liegt eine schlechte Empfehlung sogar an uns selbst, weil wir einem Multiplikator unser Geschäftsmodell und unseren Wunschkunden nicht ausreichend klar gemacht haben.

Zwischenfazit und Ausblick

An dieser Stelle haben Sie eine klare Vorstellung gewonnen, warum Sie sich nicht mehr mit Telefonakquise abplagen sollten. Sie haben die Entwicklung verfolgt, wie sich die Märkte verändert haben. Sie wissen, warum Empfehlungen aus Ihren Netzwerken der beste Weg zu neuem Umsatz sind.

Wenn Sie empfehlens-wert sind, können Sie es nun machen wie Dr. Ivan Misner 1985: Bitten Sie Geschäftspartner und Bekannte um Empfehlungen! Erfahren Sie dazu in den nächsten Kapiteln, wie Sie Ihre Mitarbeiter zu effektiven Netzwerkern machen, wie Sie Ihr Netzwerk so aufbauen, dass es Ihnen den maximalen Nutzen bringt und

Ihr Sozialkapital eine reiche Rendite abwirft! Lernen Sie die Stile kennen, in denen Einsteiger und erfahrene Netzwerker sich unter ihresgleichen bewegen – und wie Sie aus der Kombination dieser Eigenschaften den größten Nutzen ziehen. Im letzten Kapitel erfahren Sie, welche Fehler auf Netzwerkveranstaltungen und im Tagesgeschäft immer wieder begeistert wiederholt werden – und wie Sie und Ihre Mitarbeiter sie vermeiden können.

III. Wenn Mitarbeiter zu Netzwerkern werden

Wer nicht mit der Zeit geht, geht mit der Zeit. In den letzten Jahren ist der Stand für kleine und mittelständische Unternehmen eher schwieriger als leichter geworden. Auf der einen Seite Preisverfall durch steigenden Wettbewerb, Fernost-Importe und den wachsenden Onlinemarkt. Auf der anderer Seite Fachkräftemangel, der immer häufiger dazu führt, dass vorhandene Potentiale nicht voll abgerufen werden können. Dabei geht es schon nicht mehr nur um die promovierten Ingenieure im Sondermaschinenbau. Auch bei den meisten Handwerksberufen und bei qualifizierten Bürotätigkeiten wie Steuerfachgehilfen und Lohnbuchhaltern gibt es Engpässe.

Neulich erzählte mir ein befreundeter Inhaber eines Elektroinstallationsbetriebes, wie begeistert die Kunden von seinem neuen Auszubildenden wären: Weil er sich mit Handschlag vorstellt und verabschiedet und weil er fließend unserer Sprache mächtig ist.

Um die Herausforderungen der Zeit zu meistern, müssen Unternehmen den Zugang zu qualifizierten Mitarbeitern und liquiden Kunden sichern. Bisher versuchen sie das mit den konventionellen Methoden des Vertriebs und der Werbung Fernseh- und Radiowerbung, Anzeigen, Annoncen in Stellenportalen etc. Dabei gibt es Wege, die deutlich erfolgversprechender sind. Das wertvollste Potential der kleinen und mittleren Unternehmen sind die Mitarbeiter. Warum nutzen so wenige dieses Potential wirklich aus?

Im Marketing spricht man von „viralen Effekten". Menschen wie Sie und ich nennen es wie schon vor einem Jahrhundert: „Mundpropaganda".

Ein Beispiel: Ein Seminarzentrum möchte zum Tag der Offenen Türe einladen, um vor Ort bekannter zu werden. Um die Veranstaltung zu bewerben, könnten sie eine Anzeige in der Tageszeitung schalten. Bei den hiesigen Preisen sind bei einer 10x10cm-Anzeige mit einem knappen Tausender dabei. Der Ausgang ist ungewiss. Niemand kann überprüfen, wie oft die Anzeige gelesen wird und die Leser haben keinen persönlichen Bezug zum Seminarzentrum.

Eine andere Möglichkeit wäre, die Einladung zum Tag der offenen Türe auf Facebook zu posten. Nun können Sie die Einladung von Ihren Mitarbeitern und Geschäftsfreunden teilen lassen. Zwanzig Mitarbeiter, die gern und mit Überzeugung dort arbeiten, schreiben dazu eine persönlich Note in der Art wie: „Wollt Ihr mal sehen, wo ich arbeite? Ich freue mich auf Euren Besuch." Auch die Mieter des Seminarzentrums können die Veranstaltung mit einem glaubhaften, persönlichen Aufruf teilen.

Viele Netzwerkprofis haben weit über 1.000 Kontakte auf Facebook. Durchschnittsnutzer

kommen im Schnitt auf 250 Kontakte, von denen
mindestens 100 im Einzugsgebiet leben.

20 Mitarbeiten + 30 Mieter & Geschäftsfreunde
= 50 Multiplikatoren

50 Multiplikatoren teilen die Einladung
und jeweils 100 lesen sie wieder

Im Ergebnis werden rund 5.000 Personen kostenfrei erreicht.

Jeder von ihnen hat durch die Bekanntschaft mit
Ihren Multiplikatoren einen, wenn auch manchmal
nur geringen, Bezug zur Veranstaltung.

Dieses Modell ist noch vereinfacht. Virale Effekte
gehen, wenn der Impuls geschickt gestaltet ist, weiter
in die zweite und dritte Ebene. Bei einem fünfzigmal
geteilten Betrag erreichen Sie realistisch betrachtet
leicht über 100.000 Menschen. Das lässt sich gerade
im Beispiel Facebook gut nachvollziehen.

Dieses Rechenbeispiel zeigt die Effektivität gezielt aus-
gelöster Mundpropaganda. Die Macht des Netzwerkes der
Mitarbeiter lässt sich für jedes Ziel einsetzen, das ein Unternehmen sich gesetzt hat.

Personal mit bester Empfehlung

Jeder von uns, auch jeder Angestellte wird rund zwanzig Mal in der Woche gefragt „Wie geht es Dir?" Darauf können wir antworten „Gut." Oder wir können eine lebendige Antwort geben, die auch die Sphäre mit einschließt, die einen wichtigen Teil unserer Lebenszeit einnimmt: Die Arbeit.

Sandra arbeitet bei einem Juwelier. Ihre Freundin Nicole hat ihr die klassische Frage gestellt. Sandra antwortet: „Heute war so ein toller Tag! Im Geschäft kam ein junges Pärchen vorbei. Wahnsinnig verliebt! Er hatte Ihr den Heiratsantrag an einem Wasserfall im Urlaub gemacht. Aus dem Fluss haben sie sich einen kleinen schwarzen Stein mitgenommen. Davon bauen wir jetzt ein Stück in ihren Trauring ein! Mit 3D-Modell am Computer und allem Drum und Dran!"

Nicole hat Ihrer Freundin einfach nur zugehört und freut sich über ihren guten Tag. Doch wenn jemals ein Bekannter von ihr heiraten will, wird sie sich an Gespräche wie diese erinnern und sagen: „Geh zu dem Juwelier, wo die Sandra arbeitet. Die machen Ringe, sowas findest du sonst nirgendwo."

Anderes Beispiel: Fachkräftemangel. Der Mangel an qualifizierten Mitarbeitern macht gerade Handwerksbetrieben derzeit flächendeckend zu schaffen.

Die Herausforderung wird sich allem Anschein nach auch kurzfristig nicht lösen lassen. Wenn es keine neuen Fachkräfte gibt, ist es nur verständlich, wenn Betriebe sich gutes Personal gegenseitig abwerben.

Personaldienstleister haben sich auf die Vermittlung qualifizierter Angestellter spezialisiert und lassen sich ihre Leistung mit zwei Monatsgehältern der vermittelten Fachkraft bezahlen. Selbst bei Mindestlohn entspricht das rund 3.000. Bei Fachkräften kommen wir schnell auf das Doppelte und Dreifache. Warum nutzen Betriebe nicht das Netzwerk der eigenen Mitarbeiter, um neues Personal für freie Stellen zu interessieren?

Gleich und gleich gesellt sich gern. Der Handwerker geht eher mit dem Handwerker abends sein Feierabendbier trinken. Erzieher kennen oft viele andere Sozialberufe. Unternehmer geraten wie von selbst in die Gesellschaft anderer Unternehmer. Karl der Installateur kann bei der Skatrunde also über den geplanten Urlaub und den windigen Freund seiner jüngsten Tochter sprechen. Doch vielleicht merkt er dabei auch noch an, dass im Betrieb gerade Vakanzen herrschen. Gutes Arbeitsklima, ein eingeschworenes Team und ein Chef, der nicht nur so tut, als hätte er ein offenes Ohr für seine Leute.

Wenn seine Freunde in den kommenden Wochen mitbekommen, dass jemand dringend eine Luftveränderung braucht, weil all diese Dinge eben nicht so recht stimmen, dann wissen sie genau, was sie demjenigen raten: „Red doch mal mit dem Karl. Die Firma ist klasse und die suchen grad Verstärkung."

Warum sollte ein Mitarbeiter in seiner Freizeit Personal für seine Firma werben? Aus zwei Gründen. Erstens haben Sandra und Karl beide ein ehrliches Interesse daran, dass die Firma gut läuft und im Team eine angenehme Atmosphäre herrscht.

Zweitens empfehle ich dem Inhaber, für jeden neuen Mitarbeiter, der sich in der Probezeit bewährt hat, eine attraktive Empfehlungsprovision an denjenigen zu zahlen, der den neuen Kollegen in die Firma gebracht hat. Was sind 1.000 EUR Provision im Vergleich mit den gesparten Kosten für den Personaldienstleister und mit dem Mehrwert für die Firma?

Machen Sie Mitarbeiter zu Netzwerkern!

Damit so eine Netzwerkstrategie aufgeht, ist etwas mehr nötig, als die freundliche Bitte an die Angestellten, doch mal etwas zu posten. Selbst, wenn Sie eine wirklich ansehnliche Provision in Aussicht stellen, wenn es endlich gelingt, eine wichtige Stelle passend zu besetzen: Die Fertigkeiten eines effektiven Netzwerkers fallen nicht vom Himmel.

Hier spielen die Firmenwerte und Ihre Alleinstellungsmerkmale eine zentrale Rolle. Erst eine grundlegende

Analyse, weshalb ein bestimmtes Unternehmen empfehlenswert ist, gibt den Mitarbeitern die notwendigen Mittel an die Hand, um die Firma in einer passenden Situation zielführend vorzustellen.

Wenn Empfehlungen aus dem Netzwerk des Teams heraus ihre Wirkung entfalten sollen, muss die Kommunikation typische Hürden überwinden. Es braucht neben Überzeugung und Motivation auch die notwendige Übung in den Techniken des Storytelling, um Freunde und Bekannte mit Begeisterung anzustecken. Das Empfehlungsmarketing im Netzwerk ist selbst für erfahrene Vertriebsprofis häufig Neuland. Daher empfiehlt es sich, vor der Entwicklung der Netzwerk-Strategie Ihren Mitarbeitern in einem Intensiv-Coaching die grundlegenden Fertigkeiten eines erfolgreichen Netzwerkers zu vermitteln.

IV. Netzwerk-Typen: Zoologie beim Unternehmerfrühstück

Hin und wieder wird vom Netzwerken gesprochen, als wäre es ein geheimer Business-Skill, der nur Eingeweihten offenbart wird. Falscher kann man gar nicht liegen. Netzwerken ist typisch menschliches Sozialverhalten. Wir haben es geübt und perfektioniert, als wir noch keltische Namen trugen und gerade dabei waren, den aufrechten Gang zu erfinden. Seitdem passiert Netzwerken immer dann, wenn wir ein Bedürfnis haben, das wir uns nicht so einfach selbst erfüllen können, aber dafür jemanden kennen, der jemanden kennt.

Es gilt die alte Regel: Wer es nicht mit Absicht macht, der macht es trotzdem, aber schlecht. Viele der kommenden Beispiele zeigen, dass Netzwerken im beruflichen Alltag genauso unablässig stattfindet wie im Privaten. Die spannendsten und erhellendsten Beobachtungen lassen sich allerdings auf reinen Netzwerkveranstaltungen machen.

Messen, Tagungen, Branchen-Events und die regelmäßigen Unternehmerfrühstücke: Hier kommen Menschen zusammen, die in diesem Augenblick genau das gleiche Ziel haben wie Sie. Im besten Fall sind alle Anwesenden zutiefst interessiert daran, Ihnen möglichst die einträglichsten Kontakte zu verschaffen. Schließlich führt dieses

Ziel ja auch Sie beziehungsweise Ihre Mitarbeiter ans reich gedeckte Frühstücksbuffet.

Betrachten wir diese spezielle Gesellschaft verschiedener Spezies etwas näher! Auf Netzwerkveranstaltungen werden Sie unterschiedliche Typen von Menschen treffen. Ihre Art zu Netzwerken lässt sich grob in vier Kategorien unterteilen. Beobachten wollen wir dabei:

• die soziale Ausrichtung: innen vs. außen

• die Geschäftsorientierung: niedrig vs. hoch

Dabei zeigen sich Grundtypen, denen Sie von der Fachmesse in Essen bis zum BNI-Frühstück in Ingolstadt überall wieder begegnen. Ihre Eigenschaften ergeben sich aus dem Charakter und den persönlichen Stärken und Schwächen des Einzelnen. Und besonders aus seiner Erfahrung und Übung. Unsere gewohnte Art, uns zu verhalten und zu kommunizieren, ist beim Netzwerken nämlich nicht immer die günstigste. Die gute Nachricht: Die erfolgreichen Techniken kann jeder lernen.

Aller Anfang ist unscheinbar: Die Netzwerkmaus

Die meisten Menschen, die zum ersten Mal im Leben eine Netzwerkveranstaltung besuchen, gehören zur Gattung der Netzwerkmaus. Ein scheues Tier, das von einer Ecke zur anderen huscht und vor allem auf eins bedacht ist: Nur keinen Fehler machen, nur nicht auffallen.

Die Erfahrung zeigt, dass eine typische Netzwerkmaus fast nie pünktlich kommt, sondern grundsätzlich etwas zu spät, wenn der Raum schon gefüllt ist. Das mag daher kommen, dass der unsichere Anfänger sich innerlich gegen das riskante Abenteuer sträubt, statt sich kühn hineinzustürzen. Die Maus will eigentlich viel lieber woanders sein und erlebt die Netzwerkarbeit vorrangig als notwendiges Übel.

Einmal angekommen, steht die Maus gern an der Wand und zwar am liebsten alleine. Sie zieht es vor, die Lage aus sicherer Distanz zu sondieren. Sobald das Buffet eröffnet wird, huscht sie schnell zum Essen, nimmt sich einen Teller und begibt sich damit wieder an ihren sicheren Platz am Rand. Gibt es einen Vortrag oder eine Rede, entspannt sie sich leicht – auf einem Platz in der hinteren Reihe. Sie vermeidet dabei gekonnt Gespräche mit den Sitznachbarn.

Der Typus der Netzwerkmaus ist gekennzeichnet von einer geringen Geschäftsorientierung und wenig sozialem Interesse. Vom professionellen Gebaren der anderen Anwesenden fühlt sie sich nicht herausgefordert oder sogar bereichert, sondern eher eingeschüchtert. Netzwerkmäuse zeigen keinerlei Eigeninitiative, um Geschäfte anzubahnen. Dabei haben gerade die Anfänger in der Regel den dringendsten Bedarf: Wer im Netzwerken gerade startet, steht oft auch geschäftlich am Anfang und hat naturgemäß das stärkste Bedürfnis nach guten Empfehlungen, interessierten Kunden und handfesten Abschlüssen.

Kommunikativ hat die Maus eine klare Ausstrahlung: „Sprich mich nicht an!" So kommen potentiellen Kontakte nur selten auf die Idee, das trotzdem zu tun. So erfahren sie weder, was der Neue kann, noch was er vielleicht braucht. Selbst wenn sich doch mal ein knappes Gespräch ergibt: Wer nicht auffällt, der fällt seinen Partnern im Ernstfall auch nicht ein.

Wie macht sich die Maus im Netzwerk? Ihre Passivität macht eine Netzwerkmaus zur beliebten Beute für räuberisch eingestellte Exemplare (siehe den nächsten Abschnitt zum Netzwerkgeier). Manchmal erbarmt sich auch ein sozial engagiertes oder besonders neugieriges Mitglied. Nicht ohne Grund: Trotz geringer Erfahrung auf dem Netzwerkparkett haben viele neue Gesichter ein attraktives Angebot und den einen oder anderen wertvollen Kontakt im Gepäck. Auf diese Weise kommen die meisten Mäuse nach einiger Zeit zumindest mit einem Bein in der Runde an. Ansonsten geht die Maus ohne nennenswerte Ergebnisse nach Hause und nimmt sich schweren Herzens vor, am nächsten Tag wieder mit der Kaltakquise anzufangen.

So unauffällig die Maus ist, so häufig ist sie auch. Wenn ich mich bewusst anstrenge, fällt mir eine ganze Reihe von Namen ein, die bei den verschiedenen Kreisen, in denen ich mich bewege, immer irgendwie dabei sind. Doch werden sie nie richtig ernst genommen. Das ist nicht nur für sie selbst ein Verlust, sondern auch für alle, die weder von ihren Fähigkeiten noch von ihren Kontakten profitieren. Es gilt also, dieses Stadium, falls es sich nicht ganz vermeiden lässt, doch möglichst schnell hinter sich zu bringen.

Sehen wir uns also mal an, was hinter der Unsicherheit stehen kann:

1) Zweifel am eigenen Angebot

Das ist häufig bei Neulingen der Fall, die erst einmal das nötige Selbstbewusstsein entwickeln müssen, um sich in einer Runde erfahrener Profis auf Augenhöhe zu präsentieren. Mit den ersten positiven Erfahrungen verändert sich bei diesen Vertretern der Mäusegattung deutlich das Auftreten. Schon nach ein oder zwei guten Erfahrungen wirken viele Anfänger wie verwandelt.

2) Ungewohnte Umgebung

Auch gestandene Unternehmer, die in ihrer Branche ohne mit der Wimper zu zucken Großprojekte im sechsstelligen Bereich abwickeln, können sich auf einer Netzwerkveranstaltung erstmal unwohl fühlen. Das ist kein Grund, diese Chancen beim nächsten Mal einfach unter den Tisch fallen zu lassen und auf das Netzwerken zu verzichten. Der Appetit kommt beim Essen!

3) Charakterbedingte Unsicherheit

Fachkompetenz ist das eine. Darüber zu sprechen etwas ganz anderes. Vielen Menschen liegt es einfach nicht, sich in einer fremden Gruppe zu präsentieren, aufzufallen und mit Klarheit und Bestimmtheit aufzutreten. Wenn die Qualitäten dieser Person nicht im kommunikativen Bereich liegen, ist das häufig sogar ein Anhaltspunkt dafür, dass er für sein eigenes Fach umso begabter ist. Es sei denn, er stellt sich als Dolmetscher oder Marketingprofi vor. Wenn Sie sich zu diesem Typ zählen, werden Sie es wahrscheinlich herausfordernd finden, die Maus hinter sich zu lassen.

Ich lade Sie aber ganz ausdrücklich ein, es trotzdem anzugehen! Viele hochgeschätzte Geschäftskontakte hätte ich nie kennengelernt, wenn sie ihrem ersten Impuls nachgegeben hätten und in ihrem Mauseloch geblieben wären. Gewohnheit ist ihr bester Freund. Gehen Sie zu einer bestimmten Veranstaltung und das möglichst regelmäßig! Ein gutes Buffet ist ein attraktiver Weg, um auch den ersten, durchwachsenen Versuchen etwas abzugewinnen.

Praxis-Übung für Netzwerkmäuse:

• Entscheiden Sie sich bewusst für eine Reihe von Veranstaltungen, die regelmäßig stattfinden und für Sie attraktiv und gut erreichbar sind!

- Ihre erste Aufgabe besteht darin, im überschaubaren Zeitraum von zwei bis drei Monaten regelmäßig hinzugehen.

- Bereiten Sie dafür einen kurzen Einstiegssatz als Begrüßung vor und drei Fragen, die Sie bei ihrem jeweiligen Gesprächspartner interessieren könnten! Eine genaue Anleitung dafür finden Sie im Abschnitt zum Elevator Pitch in Kapitel VI.

- Nutzen Sie dieses Einstiegsmaterial und sprechen Sie bei jedem Termin mit drei Personen, die Sie noch nicht kennen!

Wer will, wer will, wer hat noch nicht: Der Netzwerk-Geier

Das Wort heißt „Netzwerkveranstaltung" und nicht „Verkaufsveranstaltung". Eigentlich sollte damit bereits klar sein, was dort passieren soll und was eher nicht. Trotzdem ziehen Netzwerkveranstaltungen eine interessante Gattung penetranter Exemplare magisch an, die an Vernetzung scheinbar überhaupt nicht interessiert sind. Stattdessen nötigen sie jedem, der nicht bei drei auf den Bäumen ist, ein gnadenloses Verkaufsgespräch auf. Diesen Netzwerktypen bezeichne ich liebevoll als Netzwerkgeier.

Erst letztens gab es wieder eine besonders gelungene Begegnung der anstrengenden Art: Beim größten Netzwerktreffen der Stadt war ein reinrassiger und ausgehungerter

Geier auf der Jagd. Sein Produkt: Audiotitel im Mp3-Format, die durch ihre Frequenz die Konzentrationsfähigkeit verbessern. An sich ein spannendes Produkt. Ich hatte mich schon vorher mit der Schuhmann-Frequenz und den Wirkungen von Alpha-, Beta-, Gammawellen beschäftigt. Allerdings sollte genau das zu meinem Problem werden.

Nach den ersten zwei Sätzen bemerkte der Geier, dass ich mich in der Materie ein wenig auskenne. Nun wurde ich ihn nicht mehr los. Auf mein unverbindliches „Ja, das kenn ich. Find ich interessant." folgte ein Monolog von gefühlt zehn Minuten über tolle Preise und supereinfache Downloadmöglichkeiten. Ich bin geübt darin, in einem Gespräch die Initiative zu übernehmen. Aber um mich diesem Verbalangriff noch schneller zu entziehen, hätte ich richtig grob werden müssen.

Es wurde das längste Gespräch des Abends und am Ende hatte der Geier nicht die geringste Vorstellung, was ich tue und wen ich kenne. Es ist ihm auch egal. Denn er will ausschließlich sein Produkt verkaufen. Hand hoch, wer solche Partner in seinem engeren Netzwerk haben möchte? Ja, mir geht es genauso.

Im Verlauf des Abends dürfe ich mit Belustigung und Mitleid für die Opfer beobachten, wie er sich einen nach dem anderen vorknöpfte und mit exakt demselben Verkaufstext verwöhnte. Unterm Strich hatte der Alphawellen-Geier von allen Teilnehmern den größten Gesprächsanteil. Aber

Ballbesitz und Torgefahr sind eben zwei Größen, die nur bedingt im Zusammenhang stehen. Von allen hat ihm die Veranstaltung auch am wenigsten gebracht. In diesem Extremfall war es gar nichts.

Nun ist es Zeit, ein wenig Demut zu zeigen. Als ich nach meiner allerersten Netzwerkveranstaltung in die Firma kam, fragte mich mein damaliger Chef nach den Ergebnissen. „Der Abend war großartig", schwärmte ich, „das Buffet war klasse und der Vortrag echt interessant. Aber das allerbeste: Den ganzen Abend waren die Getränke gratis." Sein Blick ließ mich wissen, wo sich bei mir ein kleiner Fehler eingeschlichen hatte. Deswegen nahm ich mir für meine zweite Teilnahme vor, mich intensiv um Kundenakquise zu bemühen. Bei so vielen Anwesenden musste es doch schließlich auch Einkäufer und Geschäftsführer geben.

Am Anfang meiner Networker-Karriere hatte ich schon einige Jahre intensiver Kaltakquise hinter mir und das Mause-Stadium entsprechend übersprungen. Ich hasse Kaltakquise, aber ich beherrsche sie und bin weder von größeren Hemmungen gebremst, noch mangelt es mir an Durchsetzungsvermögen und Dreistigkeit. All das sehe ich nach wie vor als wichtige Qualitäten an. Aber auf meinen ersten Netzwerkveranstaltungen war ich ebenfalls ein Paradebeispiel des Netzwerkgeiers. Sie haben es sicherlich schon erraten: Die Erfolgsquote ließ zu wünschen übrig.

Der Geier bringt weder Empathie noch Motivation auf, um sich auf sein Umfeld einzulassen. Dafür hat er stets ein klares Ziel im Visier: Den Verkaufsabschluss. Der Geier begeht in seiner Fixierung auf den direkten Erfolg den größten Netzwerkfehler überhaupt: Er verkauft in den Raum.

Sie erkennen den Geier zuverlässig daran, dass er spätestens im dritten Satz Ihr Kaufinteresse ausloten will. Oder noch schlimmer: Da im Weltbild vieler Netzwerkgeier ohnehin jeder ein ureigenes Interesse an seinem Angebot haben muss, wird das wehrlose Opfer mit unterhaltsamen Referaten über den Produktnutzen malträtiert. Erfahrene Netzwerker werden sich mit gebotener Vehemenz solche Auftritte verbitten. Für eine schutzlose Netzwerkmaus kann die Begegnung mit einem energischen Geier aber auch mal einen ganzen Vormittag vernichten und endet schlimmstenfalls sogar in einem kleinen Verlegenheitskauf.

In den gefährlichen Klauen des Netzwerkgeiers stecken (in der Regel billige) Visitenkarten, die inflationär verteilt werden. Im Umkehrschluss werden auch Visitenkarten eingesammelt, wo immer sich die Gelegenheit bietet.

Wehe dem, der sich zu einem Zugeständnis oder einer Interessenbekundung hinreißen lässt, nur um das Gespräch schneller zu beenden. Ein Geier ist zuverlässig. Wenn er sagt, dass er nächste Woche anruft, dann tut er das auch. Dabei will der Geier in der Regel nichts als Ihr Bestes. Also Ihr Geld. Entweder im direkten Versuch, Ihnen etwas zu verkaufer, oder gern auch über den Umweg einer genialen Geschäftsgelegenheit – an der Ihr Geier des Vertrauens provisionsbeteiligt ist.

Ein zuverlässiger Schutz vor Geiern besteht in der rechtzeitigen Flucht. Profis können diese Gelegenheit nutzen, um sich verbal und rhetorisch zu messen. Ansonsten empfiehlt sich eine wohlbemessene Dosis robuster Unhöflichkeit. Wer es beherrscht, einen Geier in hilfsbereite Stimmung zu versetzen, der kann mit Recht stolz auf sich sein.

Im Netzwerk tut sich der Geier vor allem dadurch hervor, dass er große Flurschäden anrichtet. Wohlgemerkt: Das hat überhaupt nichts mit der Qualität Ihres Angebots zu tun. Auch die Alphawellen als MP3 sind ja an sich eine spannende Sache gewesen. Ihre Kontakte schätzen Sie aber nicht nur, weil Sie so tolle Holzfenster, Datenbank-Lösungen oder maßgeschneiderte Marketingkonzepte anbieten.

Den größten Nutzen für alle haben Partner, die mit Einsatz, Geschick und einem großen Vorrat an Kontakten für vielfältige Bedarfe eine tolle Lösung vermitteln. Der Netzwerk-Geier verbraucht seine Sozialkontakte, statt sie nachhaltig zu investieren. Oft erzielt er anfangs kleine Erfolge. Doch die stagnieren, wenn das Feld abgegrast ist. Er hat ke n Interesse daran, anderen uneigennützig zu helfen. Darum erlebt er auch nicht, wie enorm sich das mit der Ze t auszahlt.

Erinnern Sie sich an das Zahlenspiel bei XING? So sehr es auch in den Fingern juckt, allen, die sich gerade bei den Käsehäppchen versammeln, Fenster, Datenbanken oder Werbeslogans zu verkaufen: Sie wollen auf einer Netzwerkveranstaltung keine Kunden finden. Sie wollen Partner und Multiplikatoren, die Ihnen deutlich mehr Kunden verschaffen können – und zwar auf dauerhafter Basis. Dieses Kunststück gelingt, wenn auch Sie sich ins Zeug legen und für den Nutzen der anderen arbeiten.

Praxis-Übung für Netzwerkgeier:

- Das Besuchen von Netzwerkveranstaltungen sollte für Sie Routine sein. Wieder geht es nun darum, mit drei neuen Leuten zu sprechen.

- Bereiten Sie einen Elevator-Pitch vor, mit dem Sie Ihr Produkt kurz und knapp umreißen! Eine ausführliche Schritt-für-Schritt-Anleitung dazu gibt es im Kapitel VI.

- Die Aufgabe: Hören Sie zu und finden Sie von drei Gesprächspartnern konkrete Gesuche heraus!

- Erwähnen Sie Ihr Produkt NICHT, solange Sie nicht ausdrücklich danach gefragt werden! Beschränken Sie sich dann auf den vorbereiteten Pitch und lassen Sie die Gesprächsführung bei Ihrem Gegenüber!

- Diese Übung ist eine schöne Gelegenheit, einige graue Mäuse ins Spiel zu bringen. Aber trauen Sie sich ruhig auch an die Schwergewichte heran! Sobald Sie nicht versuchen, Ihren Katalog an den Mann zu bringen, können Sie sich gerade bei den erfahrenen Frühstückern auf interessante, offene und anregende Gesprächspartner freuen.

Er mag es kuschlig: Der Netzwerk-Pinguin

Kommen wir doch noch einmal auf meine Netzwerker-Karriere zurück. Die Auftritte in Geier-Manier waren also nicht von Erfolg gekrönt gewesen. Meine Frustration war groß. Ich hatte doch so große Hoffnungen gehabt, mich durch die Besuche von Netzwerkveranstaltungen nie mehr mit Kaltakquise herumplagen zu müssen. Doch auch von den warmen Kontakten, die ich dort kennenlerne, wollte niemand auch nur das Geringste von mir kaufen.

Überhaupt hatte ich manchmal den Eindruck, dass alle nur verkaufen, aber niemand einkaufen möchte. Innerlich hatte ich schon ein bisschen resigniert und die Hoffnung auf Umsätze durch Netzwerken praktisch aufgegeben. Mein damaliger Chef hatte aber die Jahresmitgliedschaft für den Verband bereits bezahlt. Also ging ich weiterhin zu den Veranstaltungen. Mittlerweile hatte ich mich mit anderen Unternehmern angefreundet und stand bei jedem Treffen bei meinen üblichen Verdächtigen.

Ich war zu einem Netzwerkpinguin geworden. Haben Sie mal eine Doku über die Antarktis gesehen? Pinguine gelten als treu und loyal. Wenn sich ein Paar einmal gefunden hat, bleibt es ein Leben lang zusammen. So rührend das klingt, so bemerkenswert ist es auch. Denn Pinguine leben in Kolonien, die im Extremfall bis zu fünf Millionen Tiere umfassen können. Selbst für ihr eigenes Auge sehen Pinguine fast identisch aus und so erkennen sich diese possierlichen Tiere vor allem über die Stimme. Wenn ein Pinguin von der Jagd am ozeanischen Fischbuffet zurückkehrt, bahnt er sich mit aufgeregten Schnatterlauten den Weg durch all die „uninteressanten" Fremden zurück zu seinen Kumpels.

Abgesehen von den antarktischen Temperaturen läuft das auf so manchem Unternehmerfrühstück ähnlich. Achten Sie mal darauf: Fast immer findet sich dieser Typus von Menschen, die an allen unbekannten Leuten – und an den damit verbundenen Netzwerkmöglichkeiten – vorbeigehen, um sich wie jede Woche neben ihre Kumpels zu stellen. Willkommen bei den Netzwerkpinguinen.

Was den Pinguin im Netzwerk auszeichnet, ist eine hohe soziale Orientierung. Allerdings haben sie an neuen Geschäftsabschlüssen scheinbar wenig bis gar kein Interesse. Das sieht natürlich nur so aus. Was wie Desinteresse wirkt, ist zumeist die unbewusste, tiefsitzende Überzeugung, dass es nichts Besonderes zu holen gibt.

Doch was den Anfänger noch viel mehr in Gefahr bringt, zum gemütlichen Pinguin zu werden, ist die Angst vor dem Verkaufen. Die Äußerung von Bedürfnissen und das Öffnen von Gesprächsthemen, zumal mit dem Risiko der Ablehnung, ist immer eine Handlung, bei der wir uns exponiert und angreifbar fühlen. Das müssen Netzwerker erstmal aushalten lernen. Befördert wird die Unsicherheit durch ungünstige Vorbereitung. Wie der klassische Fall, wenn ein Netzwerker einfach keinen guten Elevator Pitch parat hat. Oder weil er seine Alleinstellungsmerkmale weder für sich selbst noch für andere klar in Worte fassen kann.

Die Lösung ist denkbar einfach: Investieren Sie die nötige Zeit in die Übungen und Vorbereitungen, wie sie zum Beispiel in dem Buch angeboten werden, das Sie gerade in der Hand halten, und überprüfen Sie Ihre Zielsetzung. Auf Netzwerkveranstaltungen wollen Sie anderen nicht das eigene Produkt verkaufen, sondern das Beziehungskonto füllen.

Oftmals findet man in diesen eingeschworenen Grüppchen Unternehmer, die schon ganz gut von ihren Bestandskunden leben. Auf Neukunden sind sie kaum angewiesen und können sich diese Haltung deshalb eher leisten als ich, der damals noch einen motivierenden Chef im Nacken hatte. Für die Pinguine ist „sehen und gesehen werden" und hin und wieder ein netter Plausch völlig ausreichend. So bleiben sie bei ihren Auftraggebern in positiver Erinnerung.

Ausreichend Erfolg macht satt. Was dabei verloren geht, ist die Lust und der Appetit auf neue Chancen und Entwicklungen. Diese Bequemlichkeit ist nicht ganz ungefährlich. Wer sich zu lange auf seinen Lorbeeren ausgeruht hat, wird gern von der bitteren Realität eingeholt. Im regionalen Mittelstand gibt es leider viel zu viele Beispiele kleiner, eingesessener Betriebe und Geschäfte, die nach Jahrzehnten oder gar Jahrhunderten plötzlich nicht mehr mithalten konnten.

Wer immer im alten Saft schmort, lernt keine neuen Kontakte kennen und verpasst leicht wertvolle Anknüpfungspunkte, die ein Geschäft zukunftsfähig machen können. Schauen Sie in die Natur: Entweder wächst ein Baum oder er stirbt. Genauso verhält es sich mit Ihrem Netzwerk. Um erfolgreich zu netzwerken, brauchten Sie immer wieder den Austausch mit neuen und frischen Kontakten.

Ein gewisser Sättigungseffekt tritt nach einer aktiven Zeit bei fast jedem ein. Meist ist das der Zeitpunkt, an dem die Dinge endlich mal eine Zeitlang gut gelaufen sind. Wo vorher der Druck und die Anspannung regiert haben, ist eine Komfortzone entstanden. Das gönnen und wünschen wir jedem Partner von Herzen. Aber um als Pinguin nicht am Fleck festzufrieren, müssen Netzwerker lernen, diese Komfortzone auch zu verlassen.

Bei Ihnen läuft alles wie geschmiert? Hervorragend. Und allein die Tatsache, dass Sie diese Zeilen lesen, beweist, dass Sie sich auf den erreichten Erfolgen nicht einfach ausruhen möchten. Stattdessen dürfen Sie sich bewusst auf ein schönes Ziel besinnen: Ein lebendiges, dynamisches Netzwerk von hochkarätigen Partnern, das auch nach vielen Jahren immer wieder neue und aufregende Chancen verspricht. Darauf ist Verlass, weil zu einem gut gepflegten Netzwerk ständig neue Spieler dazustoßen, die aktuelle Ideen und frische Bedürfnisse mitbringen.

Praxis-Übung für den Netzwerkpinguin:

- Ihre Hauptaufgabe besteht darin, bewusst Ihren Stammplatz zu verlassen.

- Kommen Sie beim nächsten Termin mit drei neuen Gesichtern ins Gespräch – und zwar nicht über den Urlaub, sondern übers Geschäft!

- Es waren schon länger keine Neuen da? Das ist ein Alarmsignal für die Leitung des Events und ein Anlass zur aktiven Suche nach frischen Kreisen und alternativen Veranstaltungen.

Alles, was Sie brauchen: Das Chamäleon

Nachdem ich einige Monate als Pinguin verbracht habe, wechselte ich die Branche. Ich startete in die Selbständigkeit. Damit verbunden war eine frische Motivation, die „alten" Kontakte nun neu zu nutzen und endlich die verheißenen Früchte der Netzwerkarbeit zu ernten.

Mittlerweile hatte ich den Eigennutz des Geiers hinter mir gelassen und die hohe soziale Netzwerkkompetenz eines geselligen Pinguins verinnerlicht. Meine Kontakte konnten sich sehen lassen, die persönliche Netzwerkdatenbank war gut gefüllt und gut gepflegt. Die Entschlossenheit und die Abschlussorientierung des Geiers habe ich mir wohlweislich erhalten. Mit dieser Kombination musste ich doch im Netzwerk erfolgreich sein! So ging ich hochmotiviert und offensiv in neue Gespräche. Mein Ziel hatte ich nicht zu tief gesteckt: Jede Unterhaltung mit einem Geschäftsmann sollte zu einem Auftrag führen. Wenn nicht für mich, dann eben durch meine Vermittlung für jemand anders.

Damit war das Chamäleon in mir geboren. Die Chamäleons unter den Netzwerkern bezeichne ich auch gerne als die „Synergier". Oft kommen zwei Unternehmer beim Kennenlernen zu dem Ergebnis: Ich werde Dir nichts verkaufen und Du wirst mir nichts verkaufen, aber wir können Synergien nutzen. So weit, so gut. Das ist die Essenz des Netzwerkens: Nicht in den Raum verkaufen, sondern sich uneigennützig gegenseitig helfen. Doch ich sollte noch lernen, dass ich auch bei diesen selbstlos guten Taten gnadenlos übers Ziel hinausschießen konnte.

Eine Synergie ist nur dann eine Synergie, wenn sie sinnvoll ist. Das steckt quasi schon im Wort drin. Ein Brautmodengeschäft und ein begnadeter Konditor können eine sehr naheliegende Synergie bilden und sich gegenseitig ihre Kunden empfehlen. Es wäre also nichts naheliegender, als die beiden miteinander bekannt zu machen. Bei demselben Brautmodengeschäft und dem Dienstleister für IT-Sicherheit, den ich vorhin erst getroffen habe, ist das nicht nur schweriger. Es geht nicht. Das musste ich auf meinem Höhenflug der Hilfsbereitschaft erst einmal lernen.

Der vierte Netzwerktyp ist die Kombination von hoher sozialer und hoher geschäftlicher Orientierung. Das ist der letzte Schritt vor der ganz hohen Schule. Auch hier gibt es, wie gerade geschildert, einen ganz speziellen Fallstrick, der sich immer wieder beobachten lässt.

Das Chamäleon kann sich auf jedes Gegenüber perfekt einstellen. Egal mit wem es spricht, fast immer spricht es die Sprache seines Gegenübers, weckt durch ehrliches Interesse Sympathie und schafft es, eine beginnende Partnerschaft anzubahnen.

Diese Partnerschaft will nun mit Substanz – sprich: mit Umsatz – untermauert werden. Schließlich haben wir gerade erst gelernt, dass wir uns nicht als Pinguine auf der

Teeparty versammeln. Es entsteht ein regelrechter Druck, dem eigenen Anspruch gerecht zu werden. Darum sieht das Chamäleon bald überall eine Synergie und eine gewinnbringende Chance zur Zusammenarbeit. Nichts ist dabei zu weit hergeholt. Bemerkenswert ist die Tendenz, solche Kooperationen durch gegenseitige Gefälligkeitskäufe in Schwung zu bringen. Das wirkt nicht selten etwas ambivalent: „Ich komm bei Deiner Bäckerei vorbei und kaufe jeden Sonntag eine Tüte Brötchen. Und wenn Du mal ein IT-Sicherheitssystem für 20.000 € brauchst…"

Unterschätzen Sie nicht die Sogwirkung, wenn ein Netzwerker einmal begonnen hat, mit Empfehlungen Sozialkapital anzuhäufen. Die Anerkennung und der Eindruck, Gewinn zu erzeugen, werden leichter als gedacht zum Selbstzweck. Das hat im Geschäftsalltag aber nichts verloren. Netzwerkpartner gehen herzlich, vertrauensvoll und freundschaftlich miteinander um. Sie treffen sich aber nicht, um nett zueinander zu sein, sondern weil sie sich fair und ausgeglichen handfeste Vorteile verschaffen.

Denken Sie zurück an das Puzzlespiel: Die Teile, die Sie zusammenbringen, müssen natürlich auch zueinander passen. Es nützt auch nichts, frustriert mit der flachen Hand drauf zu schlagen. Davon wird das Bild nicht stimmiger.

Was das Chamäleon braucht, ist ein klares Profil und ein scharfer Sinn für relevante Bedürfnisse. Wenn sich dann für eine konkrete Bedarfslage eines Partners im eigenen

Bekanntenkreis keine Lösung findet, ist es für alle das Beste, auch keine anzubieten.

Statt mehr oder weniger wahllos mit Empfehlungen um sich zu werfen, empfiehlt es sich, zu warten und sich in der Zeit gut vorzubereiten. Das erste Kennenlernen ist ja nur der Anfang. Je mehr wir die Bekanntschaft zu unseren alten und neuen Partnern vertiefen, umso genauer wissen wir, welche Empfehlung sich auszusprechen lohnt. Im Umkehrschluss sollten auch Ihre Partner möglichst genau und aktuell Bescheid wissen, mit welcher Art von Unterstützung Ihnen am meisten geholfen ist.

Praxis-Übung für das Chamäleon:

- Schärfen Sie das Verständnis für die grundlegenden Bedarfe Ihrer Partner!

- Suchen Sie sich blind drei Kontakte aus Ihrer Datenbank aus!

- Sofern Sie das nicht bereits ordentlich eingetragen haben, dann fragen Sie den jeweiligen Partner jetzt, wie seine optimale Empfehlung aussieht. In welcher Brache ist sein Lieblingskunde?

- Gehen Sie nun Ihre Netzwerkdatenbank durch: Welcher Ihrer Kontakte könnte dazu jeweils eine Empfehlung wert sein? Das muss keine aktuelle Situation betreffen. Wichtig ist, dass die hergestellte Verbindung geschäftlich relevant und für beide Seiten spürbar von Vorteil ist. So lernen Sie, sich effektiv in die Bedürfnisse und Bedarfe eines Partners hineinzuversetzen.

- Gern dürfen Sie hier aber auch an sich selbst denken. Suchen Sie aus den jüngsten Einträgen in Ihrer Netzwerkdatenbank die optimalen Synergien für Sie heraus! Es ist gut möglich, dass Sie mit diesen Kontakten weiter arbeiten werden, wenn Sie in Kapitel V daran gehen, aus einem Kunden fünf zu machen.

Die Krone der Schöpfung: Das PiGeiLeon

Nachdem wir endlich wissen, wer was falsch macht, stellt sich die Frage: Was ist denn richtig? Wie so oft im Leben liegt die Wahrheit genau in der Mitte. Das ideale Netzwerktier ist perfekt an seinen natürlichen Lebensraum angepasst und nutzt dazu die Stärken aller Stile.

Das PiGeiLeon verfügt über die hohe Sozialkompetenz des Pinguins. So baut es sich eine große Zahl breit gefächerter Beziehungen auf, aus denen vielfältige Chancen in jede Richtung resultieren.

Es besitzt daneben die Hartnäckigkeit und die Zielorientierung des Netzwerk-Geiers. Denn beim Netzwerken werden Türen geöffnet. Durchgehen und das Angebot zum Abschluss bringen muss jeder für sich selbst.

Um sich möglichst viele Türen öffnen zu lassen und dasselbe für andere zu tun, braucht es ein Gespür für sehr unterschiedliche Personen, Branchen, Situationen und Bedürfnisse. Dabei nutzt es die Anpassungsfähigkeit des Chamäleons.

Die Krone der Schöpfung im Netzwerkdschungel ist das PiGeiLeon. Sie werden sehen: Diese sympathischen Mischwesen sind diejenigen, die auf jeder Netzwerkveranstaltung nicht nur den Anwesenden den größten Nutzen verschaffen. Sie nehmen auch für sich selbst regelmäßig das meiste mit. Und das gelingt ihnen mit einer beiläufigen Gelassenheit, die allein schon beeindruckend ist.

Für viele Einsteiger liegt dieses Ziel scheinbar in weiter Ferne. Nur Geduld. Netzwerken ist menschlich und jeder kann es lernen. Für den Anfang zählt erstmal nur eins: Sie wollen kein stilles Mäuschen bleiben.

Erleben Sie, wie sich umsatzstarke Aufträge und Chancen für Ihre Geschäftsentwicklung durch hochkarätige Empfehlungen wie von selbst ergeben! Das ist das Ziel: Sie lernen, Hürden links liegen zu lassen und Fallstricke entspannt zu vermeiden. Sie verbinden die Stärken der unterschiedlichen Netzwerk-Stile zu einem vollständigen Ganzen. Jeder von Ihnen kann zum PiGeiLeon werden.

V. So geht's: Das tägliche Business-Networking

Die Grundlagen sind gelegt. Sie haben eine klare Vorstellung, wie Sie im Umgang mit Ihren zukünftigen Partnern auftreten möchten. Nun gehen wir noch tiefer in die Praxis hinein und betrachten die einzelnen Elemente der täglichen Netzwerkarbeit im Detail.

Freuen Sie sich auf spannende Begegnungen mit echten Charakteren und Menschen aus Fleisch und Blut! Entwickeln Sie ein zielsicheres Auge für ungenutzte Möglichkeiten! Das gelingt nur im persönlichen Gespräch. In der lebendigen Begegnung ergeben sich Anknüpfungspunkte für geschäftliche Beziehungen, die eine Firmenwebseite oder ein Eintrag in den Gelben Seiten niemals offenbaren könnte.

Die Praxis konzentriert sich deshalb auf die persönliche Begegnung und insbesondere auf die Standardsituation auf einer Netzwerkveranstaltung. Die digitalen und sozialen Medien spielen zweifellos eine wichtige Rolle. Sie sind vor allem in der Kontaktpflege unverzichtbar. Doch dem Moment der Wahrheit können und müssen und dürfen Sie auch im 21. Jahrhundert wortwörtlich ins Auge sehen.

Die Recherche: Suchen Sie sich das passende Ziel

Nun brauchen Sie ein Ziel. Natürlich könnten Sie einfach abwarten, bis sich jemand erbarmt und Sie zu einer Netzwerkveranstaltungen einlädt. Doch nachdem wir bis hierher gekommen sind, neige ich zu der Annahme, dass Sie Plan und Strategie zu schätzen wissen.

Wir beginnen daher mit der Recherche von Veranstaltungen. Das ist nun ziemlich einfach geworden. Sie können sich weitestgehend darauf verlassen, dass alle nichtexklusiven Veranstaltungen, die Sie kennen sollten, auf der führenden Business-Plattform XING.com veröffentlicht sind.

Nutzen Sie dieses Tool ausgiebig! Wenn Sie einen Blick auf die vergangenen Events werfen, werden Sie schnell bemerken, welche Veranstaltungen sich für Sie lohnen. Stellen Sie sich bei unbekannten Events die Frage „cui bono" – wem nützt es bzw. warum hat jemand diese Veranstaltung erstellt.

Erfahrungsgemäß lassen sich Netzwerkveranstaltungen grob in drei Richtungen teilen. Entweder will der Organisator den Teilnehmern etwas verkaufen. Oder er verdient an den Teilnahmegebühren. Bei der dritten Kategorie geht es ausschließlich um die Vernetzung. Jede Art von Veranstaltung hat ihre Berechtigung und nichts davon ist schlechter als das andere. Auf der richtigen kostenpflichtigen

Verkaufsveranstaltung können Sie hochkarätigen Geschäftskontakten begegnen. Wichtig ist, dass Sie wissen, wen und was Sie bei einem bestimmten Termin erwarten.

Melden Sie sich rechtzeitig an. Sie werden beim Veranstalter einen schlechten Start haben, wenn Sie ihre Zusage erst wenige Stunden vor Beginn verkünden oder gleich an der Tageskasse um spontanen Zugang bitten. Der Veranstalter muss einen Raum mit ausreichend Plätzen reservieren und einem Caterer die erwartete Teilnehmerzahl nennen. Zuviel Spontanität erzeugt Unannehmlichkeiten bei allen Beteiligten. Sie tun den anderen und sich selbst einen Gefallen, indem Sie mit mehr als zwei Tagen Vorlauf entscheiden, welche Veranstaltung Sie auf Ihren Kalender setzen. Das ist zugleich der erste Eindruck, den Sie beim Veranstalter hinterlassen.

Noch ein Tipp: Schauen Sie am Tag vor der Veranstaltung noch einmal auf die aktualisierte Teilnehmerliste. Entscheiden Sie im Voraus: Wer interessiert Sie besonders? Schauen Sie in die Profile und schreiben Sie die interessantesten Teilnehmer ruhig kurz an, dass Sie sich auf das persönliche Kennenlernen freuen. Das verschafft Ihnen einen eleganten und prägnanten Gesprächseinstieg, der selbst dann funktioniert, wenn Ihr Gesprächspartner die Nachricht nicht rechtzeitig lesen konnte.

Wann besucht uns Dirk mal wieder?

Seit unserem ersten Kennenlernen 2003 bewundere ich Dirk. Er hat eine Art auf Menschen zuzugehen, dass man ihn einfach nur gernhaben muss. Schon bei der Begrüßung versprüht er eine besondere Herzlichkeit und gibt einem das Gefühl, jemand ganz besonderes zu sein. Sicher haben wir in all den Jahren unserer Freundschaft schon so viel erlebt, dass er tatsächlich einen besonderen Stellenwert bei mir hat, ebenso wie ich bei ihm. Doch Dirk verhält sich jedem gegenüber so.

Als ich ihm bei einem Besuch meine Freunde vorstellte, begrüßte er sie mit so viel Interesse und Wertschätzung, dass er in kürzester Zeit ihre Herzen erobert hatte. Nebenbei wusste er von jedem, was er tut, was er braucht und hätte seinerseits für jegliche Unterstützung nur kurz anfragen müssen. In den nächsten Wochen und Monaten wurde ich von meinen Freunden dann immer wieder gefragt, wann Dirk uns (!) wieder mal besuchen kommt.

Wie der Volksmund sagt: Für den ersten Eindruck gibt es keine zweite Chance. Freundlich sein und mit großer Wertschätzung jemanden zu begrüßen ist nicht schwer. Es braucht lediglich einen kleinen, inneren Ruck. Dennoch beobachte ich mich im Gegensatz zu meinem Freund Dirk oft dabei, wie ich Partner, die ich häufig sehe, mit einer saloppen Gleichgültigkeit grüße oder nur aus der Distanz knapp rüberwinke. Dieses „normale" Verhalten schadet nicht. Doch es bringt auch niemandem Pluspunkte. Im Vergleich dazu beeindruckt der Gewinn, den ein Mensch wie Dirk aus jedem Zusammentreffen ziehen kann, indem er sich mit großer, natürlicher Empathie auf sein Gegenüber einstellt.

Duo oder Einzelgänger?

Ein schöner Gedanke vor allem für Einsteiger, die sich auf einer Netzwerkveranstaltung noch nicht so recht heimisch fühlen: Im Team mit einem Freund oder Kollegen geben Sie sich gegenseitig Rückendeckung. Sie spielen sich die Bälle zu, hin und wieder ein entspannter Scherz und am Ende teilen Sie die Beute.

Ja, das klappt super! Mehr über die Vorteile eines „Netzwerk-Buddys" lesen Sie im nächsten Teil. Jetzt empfehle ich Ihnen aber erstmal, genau das Gegenteil zu tun. Gehen Sie ALLEINE zur nächsten Veranstaltung. Insbesondere wenn Sie und auch ihre bevorzugte Begleitung tendenziell noch mehr Pinguin als PiGeiLeon sind.

Die Erfahrung zeigt, dass die Versuchung, sich mehr mit der Begleiterin oder dem Begleiter zu beschäftigen, bei unzureichender Erfahrung jeden Vorteil zunichtemacht. Nichts spricht gegen eine Fahrgemeinschaft, doch spätestens am Eingang sollten sich Ihre Wege konsequent trennen. Nur so kommen Sie auf einer Veranstaltung mit möglichst vielen neuen Leuten intensiv ins Gespräch.

Der Drang zur Pärchenbildung ist ein typisches Verhalten, das ich bisher auf praktisch jeder Veranstaltung anschaulich beobachten konnte. In bekannter und angenehmer Gesellschaft fühlen wir uns nun mal wohler. Wir netzwerken aber nicht zum Wohlfühlen. Schon die

Grundschulmathematik sagt, warum der Paar-Auftritt keine Erfolgsstrategie ist: Stellen wir uns vor, Sie setzen sich an eine Tischreihe. Dann haben sie zwei Gesprächspartner – einen links und einen rechts. Wenn Sie in Begleitung erschienen sind und konsequent darauf bestehen, nebeneinander zu sitzen, nehmen Sie sich 50 % des Potentials, neue interessante Menschen kennenzulernen.

Haben Sie mal alleine Urlaub gemacht? Hier zeigt sich der Unterschied am deutlichsten. Wenn Sie als Paar eine Reise verbringen, werden Sie nur am Rande mit anderen Menschen in Kontakt treten. Sobald Sie alleine reisen, lernen Sie vom Frühstück bis zum Abendausklang an der Bar Scharen neuer Leute kennen. So ist es auch beim Netzwerken.

Daher der einfache und eindringliche Ratschlag: Verlassen Sie Ihre Komfortzone und besuchen Sie Netzwerkveranstaltungen so autonom wie nur möglich!

Ein PiGeiLeon kommt selten allein

Und nun erläutere ich Ihnen, wie Sie mit der richtigen Herangehensweise als Paar oder als kleine Gruppe noch deutlich erfolgreicher sein können. In der Serie „How I met your mother" gibt es eine Szene, die bei eingehender Analyse ein Universum von Möglichkeiten eröffnet. „Kennen Sie Ted?" Unter diesem Begriff werden Sie die Szene leicht als Videoclip auf Youtube finden. Barney geht in der Bar zu einer wildfremden Frau und spricht sie mit den Worten an „Hi, kennen Sie Ted?" Dabei verweist er auf seinen Freund und geht selbst weiter. Mit dieser verblüffend simplen Methode ist das Eis gebrochen. Jener sagt nur: „Hi, ich bin Ted" und schon ist er mitten im Gespräch mit der Person seines Interesses.

Wie viel schwerer wäre ihm das gefallen, wenn Kumpel Barney nicht im Vorübergehen schon das Feld vorbereitet hätte? Wenn er die Schöne „kalt" anspricht und sich einfach nur vorstellt, ist die Hürde ungleich höher. Wie geht das Gespräch mit dem kalten Einstieg weiter? Im besten Fall fragt sie: „Du bist also Ted. Also was willst Du von mir?" Wahrscheinlicher ist der Korb noch vor dem ersten Dialog. Im Szenario dieser Folge haben sie aber zumindest den verrückten Freund Barney als unverfängliches Thema, aus dem sich der erste Small-Talk und vielleicht noch mehr entwickelt.

Haben Sie erkannt, was das für uns Netzwerker bedeutet? Selbstverständlich ist es großartig, wenn Ihnen ein Freund den Kontakt zu einem Bekannten herstellt. Doch auf Netzwerkveranstaltungen können Ihre Freunde und Partner Ihnen auch effektiv die Kontaktaufnahme mit Unbekannten erleichtern.

Wenn ich auf einer Netzwerkveranstaltung den Teilnehmern reihum erzähle, wie toll ich mich und mein eigenes Produkt finde, werde ich als unsympathischer

Netzwerkgeier wahrgenommen. Stattdessen kann ich das Gespräch auf einen Dritten lenken, auf meinen „Netzwerkbuddy". Ich spreche gern darüber, wie gut ich mit ihm zusammenarbeite und dass ich von seinem Produkt mindestens genauso überzeugt bin wie er oder sie selbst. Solche Referenzen über andere kommen immer gut an.

Übrigens: Kennen Sie denn schon den Herrn dort hinten, mit der roten Krawatte?

Nein, sollte ich den kennen?

Na, es würde auf jeden Fall nicht schaden. Das ist Jan Wieland. Viele halten ihn für den besten Unternehmensberater der Stadt. Ich hab ihn kennengelernt, als ich meine alte Firma fast vor die Wand gefahren hatte. Mit seinem Coaching hab ich die Wende geschafft und seitdem boomt es bei mir. Er kennt so gut wie jeden Fördertopf und weiß auch, wie man ihn nutzen kann. Deswegen nenne ich ihn liebevoll „meinen Fördergeldlieferanten".

Fördergelder? Das ist natürlich spannend. Ich frag mich ja schon länger, ob ich das nicht noch mehr nutzen kann.

Na, die Möglichkeiten sind ja sehr individuell. Es hängt immer von der Unternehmenssituation ab und ob

man den Bedarf gut begründet. Genau dafür ist er der
Beste. Ich könnte Euch gern gleich bekannt machen?

Ja, unbedingt!

Hallo Jan, ich darf Dir Louisa vorstellen?
Wir sprachen gerade über ein Thema, bei
dem du genau der Richtige bist.

Währenddessen tut mein Netzwerkbuddy Jan Wieland
dasselbe in die andere Richtung.

Wie gefällt es Ihnen hier? Sind Sie öfters da? Und hat der
Besuch Ihnen auch geschäftlich schon was gebracht? Ach,
sie haben noch nie eine Empfehlung bekommen? Da lässt
sich doch was machen! Kennen Sie schon Roman Topp?
Echt nicht? Roman ist Netzwerktrainer und so ungefähr
der erfolgreichste Netzwerker der ganzen Region.

Er kennt mit Sicherheit einige Leute, mit denen Sie gern
zusammenarbeiten würden. Und bei ihm bekommen
Sie auch das Know-how, damit sich Ihre Kontakt nicht
nur auf Netzwerkveranstaltungen, sondern täglich
in Form geschäftlicher Empfehlungen auszahlen.

Wenn ich das von mir selber sage, ist das großkotzig.
Wenn das andere über mich sagen, baut es mir einen guten
Ruf auf. Erst neulich war ich auf einem Unternehmerfrüh-
stück des Bundesverbandes mittelständische Wirtschaft

(BVMW), um meinen lieben Freund Marco Fehl bei seinem Impulsvortrag zu unterstützen. Nachdem er seinen Vortrag über „Mimikresonanz" wirklich gut gemacht hat, bat er mich um ein Teilnehmerfeedback zu seinem letzten Seminar. In zwei Minuten erzählte ich vor den 40 Anwesenden, was ich bei ihm gelernt habe und welchen Nutzen mir die Anwendung im Alltag bringt. Damit habe ich seinem Vortrag noch mehr Authentizität und Wert gegeben.

Marco wollte eine Liste rumgehen lassen, um E-Mail Adressen für seinen Newsletter zu sammeln, doch es gab nur wenige Einträge. Wäre er nach seinem Vortrag selbst rumgelaufen und hätte seine Zuhörer um Unterschriften angebettelt, hätte er sich klein gemacht. Also habe ich das für ihn übernommen, denn auch die, die mich vorher noch nicht kannten, kannten mich zumindest nach meiner Referenzaussage. Da ich mich als Seminarbesucher von Marco gezeigt habe, konnten Interessenten an seiner Veranstaltung mir Fragen stellen, die ich gerne beantwortet habe.

Am Ende war Marcos E-Mail Liste voll. Was habe ich davon? Erstmal gar nichts. Aber Ihr könnt sicher erraten, was Marco (und Jan und Kerstin und Edwin) in der Zeit gemacht haben. Als PiGeiLeon arbeiten wir im Team. Einer für alle, und... Na, Sie wissen schon.

Privat oder geschäftlich?

Denken Sie in Schubladen? Unterteilen Sie Ihre Kontakte in privat und beruflich? Ich habe das lange Zeit getan und es war ein Fehler. XING war für mich immer die Businessplattform. Facebook das Kommunikationsmittel für private Kontakte. Letztere Kontakte hätten mich in meinem Businessnetzwerk nicht wirklich gestört. Doch will ich Geschäftskontakte auf meinem Privatprofil? Bloß nicht! Arbeit und Privates sollen doch hübsch sauber getrennt bleiben!

Das sehe ich aus heutiger Sicht anders. Eine der wichtigsten Eigenschaften für Netzwerker ist Authentizität. Führen Sie sich noch einmal die zentrale Rolle des Vertrauens vor Augen! Man kann seinen Netzwerkkontakten ohnehin nur schwer etwas vorspielen. Also können Sie auch gleich mit offenen Karten spielen. Doch viel wichtiger ist die Erkenntnis, mit wie vielen Privatkontakten sich mit der Zeit auch auf geschäftlicher Ebene spannende Möglichkeiten ergeben.

Deswegen lautet Tipp 1 zur Erweiterung des Netzwerkes, mit dem Nächstliegenden anzufangen: Freunde und Familie. Bei vielen ehemaligen Strukturvertrieblern werden sich nun die Nackenhaare aufstellen: Bitte nicht schon wieder eine Namensliste, um Freunden und Bekannten etwas aufzuschwatzen! Aber nein, hier geht es ja um das Gegenteil. Diesmal wollen Sie nicht an ihr Geld, sondern im Gegenteil ihnen bei geschäftlichen – und auch privaten – Anliegen und Herausforderungen helfen.

Seid nett zueinander!

Die Quintessenz aus zahlreichen Seminaren und etlichen Vorträgen und Tausenden von Buchseiten über erfolgreiches Netzwerken lässt sich in zwei Worten zusammenfassen: „Hilf anderen!" Das ist die Hauptsache, der Rest ist nur eine Sache von Übung und Technik. Ein erfolgreicher Netzwerker braucht ein volles Beziehungskonto. Stellt sich die Frage, wie Sie den Menschen in Ihrem Umkreis am besten einen Gefallen tun können.

Nun sind Menschen für drei Dinge besonders dankbar:

· Rette ihre Gesundheit

· Hilf ihrer Familie

· Mach sie reich

„In der einen Hälfte des Lebens opfern wir unsere Gesundheit, um Geld zu erwerben. In der anderen Hälfte opfern wir Geld, um die Gesundheit wiederzuerlangen."

Mancher erfolgreiche Geschäftsmann erfährt diese Weisheit von Voltaire am eigenen Leib.

Gesundheit ist eines der unmittelbarsten Bedürfnisse aller Menschen. Nun haben die meisten von uns nur selten die Chance, bei Schmerzen und Beschwerden wirksame Hilfe anzubieten. Doch vielleicht können Sie einen zeitnahen Termin bei einem renommierten Spezialisten für eine fundierte Zweitmeinung organisieren? Oder Sie können den Kontakt zu einem erfolgreichen Alternativmediziner herstellen? In gesundheitlichen Fragen kann auch eine kleine Unterstützung schon große Wirkung entfalten – und ist nicht zuletzt ein Zeichen Ihres aufrichtigen, persönlichen Interesses. Ehrlicher Dank ist Ihnen sicher.

Den meisten Eltern ist das Wohl der Kinder noch weit wichtiger als der eigene Vorteil. Wenn Ihr Kontakt ein erfolgreicher Unternehmer ist, dann steigt damit statistisch auch die Wahrscheinlichkeit, dass er gerne mehr Zeit mit seinen Kindern verbringen würde, als ihm möglich ist. Umso mehr wird er sich für eine Möglichkeit begeistern, seiner Familie einen lang gehegten Wunsch zu erfüllen.

Ein tolles Beispiel ergab sich mit einem Geschäftsfreund, den ich bei einem Leipziger Unternehmerstammtisch kennenlernte. Er erwähnte beiläufig, dass seine Tochter gerne Reiten lernen würde, sich aber bisher nirgendwo richtig wohl fühlte. Wie es der Zufall will, habe ich einen

Bekannten, dessen Nachbar Olympiasieger im Dressurreiten ist. Kontakte waren schnell hergestellt und ein Kindertraum ging in Erfüllung.

Ob Praktikumsplatz, Lehrstelle oder Bachelorarbeit, Hobby, Wohnung oder Sportverein: Kinder haben zahllose Interessen, Wünsche und Ideen, für die es hilft, die richtigen Leute zu kennen. Sie können so eine Tür öffnen? Dann legen Sie sich ins Zeug! Ihre Unterstützung wird nicht vergessen.

„Geld ist nicht alles und die wichtigsten Dinge im Leben lassen sich nicht kaufen." Das sagt der Volksmund. Und dann fügt er hinzu: Auch wenn es private Dramen gibt, im Mercedes weint sich doch besser als an der Bushaltestelle.

Jemanden reicher zu machen und Menschen auf dem Weg zum geschäftlichen Erfolg zu helfen, ist oft der nächstliegende Weg, um bei Unternehmern positiv im Gedächtnis zu bleiben. Sie treten Kontakten, die Sie noch nicht so intensiv kennen, mit privaten Themen nicht zu nahe. Sie bleiben diskret auf der beruflichen Ebene. Wenn Ihr Netzwerk groß genug ist, können Sie vielen Partnern den Weg zum jeweiligen Wunschkunden ebnen, ihnen helfen, neue Aufträge zu erhalten und handfesten Umsatz zu machen. Das einzige, was Sie dafür einsetzen müssen, ist etwas gezielte Kommunikation. Orientierung dafür finden Sie im Gesprächsleitfaden in Kapitel 6.

Machen Sie aus einem Kunden fünf!

In dieser Disziplin wird sich zeigen, ob schon ein PiGei-Leon in Ihnen steckt. Lernen Sie ein praktisches System kennen, um in wenigen Schritten effektiv an neue Kunden zu kommen! Dies ist mit verhältnismäßig einfachen Mitteln möglich, indem Sie mit den richtigen Partnern richtig zusammenarbeiten.

Schritt 1: Zielkundenanalyse

Zunächst stellt sich die Frage nach den Zielkunden. Viele Netzwerker und Vertriebler im Allgemeinen machen den Fehler, dass Sie „grundsätzlich jeden" als Kunden haben wollen.

Erinnern Sie sich, wie Sie nach Möglichkeiten gesucht haben, Ihren Verwandten und Bekannten zu helfen? Stellen Sie sich vor, im Gespräch mit einem Bekannten fallen folgende Sätze:

Du kennst doch so viele Leute. Kannst du für das neue Produkt vielleicht ein bisschen die Werbetrommel rühren?

Nun haben Sie rund 1.000 Kontakte in der Hinterhand und bei Ihrem Bekannten können Sie sich auf empfehlenswerte Qualität verlassen. Sie fragen also zurück:

*Klar, wer kommt denn am ehesten
für euch als Kunde in Frage?*

Antwort:

Grundsätzlich jeder.

Vielleicht erwartet Ihr Bekannter, dass Sie jetzt eine vorformulierte Rundmail an sämtliche Netzwerkpartner schicken. Aus Gründen, die ich Ihnen wohl nicht erklären muss, werden Sie das aber nicht tun. Wahrscheinlich tun Sie gar nichts. Dabei sind unter Ihren 1.000 Kontakten vielleicht fünf oder sogar zehn, die exakt in das Profil des idealen Kunden gepasst und sich über die Empfehlung auch noch aufrichtig gefreut hätten. Wir werden es nicht herausfinden.

Definieren Sie daher mit maximaler Klarheit Ihren idealen Kunden. Das können Sie natürlich auch mehrmals tun, wenn Sie verschiedene Hauptkundengruppen haben.

- Wie viele Mitarbeiter hat die Firma?

- Wieviel Umsatz macht Sie?

- Wo ist sie gelegen?

- Wie lange ist sie auf dem Markt?

- Was könnten die Unternehmensziele Ihres Kunden sein?

- Wem gehören solche Betriebe?

- Welche Persönlichkeit sollte der Entscheider haben?

Je nach Produkt oder Dienstleistung haben einige Fragen mehr, andere weniger oder gar keine Bedeutung. Doch am Ende ergibt sich ein klares Profil, aus dem andere genau ablesen können, wo eine Empfehlung angebracht ist. Diese Aufgabe steht natürlich immer auf der Agenda. Auch, wenn Sie nicht die hier beschriebene Technik strikt nach Handbuch durchführen möchten.

Schritt 2: Kooperationspartner finden

Stellen Sie sich als nächstes die Frage, wer exakt denselben Kunden hat wie sie! Mein Intensiv-Workshop „Netzwerkdiplom" richtet sich an „grundsätzlich alle", die mit Vertrieb zu tun haben, also (Einzel-) Unternehmer, Verkäufer und Handelsvertreter. „Unternehmer" ist jedoch noch zu abstrakt. Also konkretisiere ich meinen Wunschkunden und nenne zum Beispiel Start-ups und Existenzgründer, die über die reine Produktentwicklung hinaus in jedem Geschäftsfeld einen professionellen Start hinlegen möchten. Dann stelle ich mir die Frage: Wer arbeitet noch mit ambitionierten Start-ups zusammen?

Existenzgründer haben üblicherweise einen Unternehmensberater, der ihnen bei den Formalien hilft.

Ein Steuerberater ist unentbehrlich, um im Dschungel zwischen Finanzamt, Bilanz und Buchhaltung nicht verloren zu gehen.

Jedes Start-up hat heute eine Homepage. Also wäre ein Webgestalter ein passender Kooperationspartner.

Jungunternehmer brauchen eine aussagekräftige Corporate Identity vom Logo über Visitenkarten bis zum Briefkopf. Dabei erhalten freiberufliche Mediengestalter gegenüber den großen Werbeagenturen häufig den Vorzug.

Damit der junge Netzwerker in Kontakt mit anderen Unternehmern kommt, ergibt es für ihn Sinn, sich einem Unternehmerverband wie dem „BVMW" oder „BNI" anzuschließen.

Und da viele Start-ups dank digitalisierter Prozesse und Homeoffice anfangs keine eigenen Büroräume haben und brauchen, mieten sie sich gern in Coworking-Spaces mit hochwertiger Büro-Infrastruktur ein. Meine fünf favorisierten Kooperationspartner sind demnach:

- Unternehmensberater

- Steuerberater

- Webdesigner

- Mediengestalter

• Unternehmerverbände

• Coworking-Spaces

Um in diesen Bereichen Kooperationspartner kennenzulernen, gibt es viele Möglichkeiten. Man könnte die regional interessantesten Anbieter über XING anschreiben oder sich die besten der jeweiligen Branche durch Netzwerkpartner empfehlen lassen.

Es kommt natürlich nicht jeder Anbieter für Ihr Kompaktnetzwerk als Teilnehmer in Frage. Behalten Sie glasklar im Auge, dass Sie den Unternehmern, mit denen Sie auf diese Weise kooperieren, einige Ihrer besten Kontakte anvertrauen werden. Sie müssen sich auf die Qualität und Fairness dieser Partner genauso verlassen, wie sich Ihre Kunden auf Sie verlassen können. Vertrauen muss gerechtfertigt sein, wenn Sie es nicht riskieren wollen.

Nach dieser sorgfältigen Auswahl spreche ich direkt die potentiellen Partner an, deren Kunden ich gern für mich gewinnen möchte. An dieser Stelle bietet sich ein kleiner Selbsttest an. Stellen Sie sich vor, jemand spricht Sie mit den folgenden Sätzen an! Und analysieren Sie, welche Einstellung sofort entsteht!

Möchten Sie etwas von mir kaufen?

*Kennen Sie jemanden, der vielleicht
etwas von mir kaufen möchte?*

*Würden Sie Ihr Angebot gern an
meine Kunden verkaufen?*

Wenn jemand an unser Geld will, blocken wir automatisch ab. Wenn uns jemand Fremdes um Hilfe bittet, sind wir, ausreichend Sympathie vorausgesetzt, vielleicht geneigt, zu helfen. Aber in der Regel gehen wir erstmal auf Abstand. Doch wenn uns jemand eine profitable Möglichkeit in Aussicht stellt, ist unser Interesse erstmal voll da. Richtig? Das ist das schöne, wenn Sie netzwerken, anstatt zu verkaufen: Sie werden aus gutem Grund immer wieder mit offenen Armen empfangen. Und die profitablen Gelegenheiten werden gerne untereinander ausgetauscht.

Schritt 3: Ein Wolfsrudel jagt im Team

Mit der Gleichsetzung von Kunden mit einer Jagdbeute kann ich mich nicht so recht anfreunden. Aber das Bild des Rudels, das in Teamarbeit sein Ziel erreicht, passt umso besser.

Planen Sie zunächst konkret, wer welche Aufgabe bekommen sollte. Setzen Sie sich nun mit den interessierten Kooperationspartnern an einen Tisch. Jeder von Ihnen hat Kunden (in unserem Beispiel sind es die Existenzgründer), die Ihre Kooperationspartner noch nicht kennen. Es ist ein simples Zahlenspiel: Wenn jeder bereit ist, bei seinem eigenen Kunden für die fünf anderen die Türe zu öffnen, erhält jeder einen qualifizierten Zugang zu fünf potentiellen Neukunden. Natürlich kann nicht garantiert werden, dass diese jeweils noch Bedarf und Budget haben. Doch Sie brauchen keine Erfahrungen im trüben Alltag der Kaltakquise, um zu spüren, dass die Erfolgswahrscheinlichkeit hier dramatisch höher ist.

Wer die Gruppe zusammengebracht hat, sollte sie auch leiten. Setzen Sie zunächst kleine Ziele. Wenn jeder nur einen neuen Kunden durch die Gruppe erhält, ist schon jeder motiviert, in der nächsten Zeit mehr für die anderen zu tun. Am besten gehen Sie selbst voran und machen den ersten Schritt. Rufen Sie einen Kunden an, mit dem Sie sich besonders gut verstehen. Das Gespräch könnte etwa so ablaufen:

Hallo Herr Kunde, (...) Ich hatte gestern ein Meeting mit Frau Partner und wir kamen zufällig auf Sie zu sprechen. Frau Partner ist spitze, was Grafikdesign und Corporate Identity angeht. Logos, Visitenkarten, Layout und so weiter. Viele von den bekannten Start-ups aus der Region haben sich das Corporate Design von ihr machen lassen.

Ich denke, ihre Herangehensweise könnte gut zu Ihrem Projekt passen. Sie hat zwar gerade sehr viel um die Ohren. Aber wenn Sie auf meine

Empfehlung kommen, nimmt sie sich auch die Zeit für eine unverbindliche Beratung und ein paar Skizzen. Wäre das interessant für Sie?"

Haben Sie das Schema bemerkt?

- Was ist das Angebot?

- Der Anbieter ist auf Leute wie DICH spezialisiert!

- Was könnte DIR das bringen?

- Verstärkung: Was hast DU von diesem Nutzen?

- Verknappung: Jeder will es haben, aber nicht alle kriegen es. Doch DU hast die Gelegenheit.

So hat Ihr Kooperationspartner die bestmöglichen Chancen, eine weit geöffnete Tür vorzufinden und Ihren Kunden auch zu seinem eigenen zu machen. Sie wiederum können aufrichtig hinter jedem dieser Argumente stehen, weil Sie Ihre Partner mit Sorgfalt ausgewählt haben.

Fortgeschrittene führen ein offenes Gespräch und stellen Fragen, wie es dem Kunden geht, um auf Basis der aktuellen Situation den Partner zu empfehlen, der aktuell am besten ins Bild passt. So können Sie dezent manchmal sogar mehrere Partner nacheinander ins Spiel bringen.

Führen Sie dieses Verfahren reihum durch, dann holen Sie alle Partner mit ins Boot!

Schritt 4: Bleiben Sie dran!

Nun brauchen Sie nur noch Ausdauer. Ein typisches Chamäleon geht jede Woche mehr als drei neue Kooperationen ein. Doch meist lässt ein Netzwerker diesen Schlags sie alle wieder einschlafen. Treffen Sie mit Ihrem Team klare Vereinbarungen, formulieren Sie gemeinsame Ziele und treffen Sie sich regelmäßig zum Austausch und zur Weiterentwicklung Ihrer Kooperation!

Um die Zusammenarbeit zu intensivieren, lohnt es sich, Teilerfolge gemeinsam zu feiern. Zum Beispiel wenn es zu einem persönlichen Termin eines bald „gemeinsamen" Kunden kommt. Das ist auch motivierend für alle anderen.

Halten Sie Rücksprache, wenn etwas schiefgegangen ist. Woran hat es gelegen, wenn eine Empfehlung nicht auf Interesse trifft? Was kann an der Zielorientierung oder bei der Ansprache noch verbessert werden?

Prüfen Sie auch das Engagement Ihrer Mitstreiter. Wenn einer nur fleißig die Hände aufhält, aber nichts nennenswert mit einbringt, können Sie offen darüber sprechen, ob sein aktiver Wettbewerber nicht eine bessere Option für Ihr Team sein könnte.

Wenn Sie erstmal eingespielt sind, haben Sie gemeinsam bald eine kleine Umsatzflatrate geschaffen. Bis Sie alle Ihre Kunden für das Kompaktnetzwerk aktiviert haben, hat sich für jeden Partner das Ergebnis schon um eine Größenordnung nach oben verändert. Dazu kommen noch neue Kunden, die über sonstige Kanäle dazustoßen. Nach einiger Zeit verändert sich der Fokus und alle Beteiligten denken als Team. So wird es Ihnen immer leichter fallen, schon beim Kennenlernen von Neukunden gleich die Möglichkeiten für eine gegenseitige Unterstützung auszuloten und mit gekonnter Initiative umzusetzen.

Schritt 5: Nachbereitung

Netzwerkarbeit endet keinesfalls am Ende der Netzwerkveranstaltung oder nach dem Gespräch mit Kunden und Partnern. Im Gegenteil, danach geht es erst richtig los. Hier unterscheidet sich das PiGeiLeon bedeutend von seinen Konkurrenten. Mindestens acht Wochenstunden sollten für die Netzwerkarbeit reserviert sein. Wer nicht willens ist, zumindest einen halben Arbeitstag pro Woche zu investieren, sollte sich besser den Aufwand ganz sparen. Die Profis wissen, wie sehr sich Vernetzung auszahlt, und sind bis zu 30 Stunden und mehr allein in der Kontaktpflege aktiv.

Vielleicht fragen Sie sich an dieser Stelle, wie um Himmels willen jemand so viel Zeit mit Netzwerkarbeit füllen kann. Nun, da gibt es einiges zu tun. Ein Netzwerk ist eine gut geölte Maschinerie. Die will jedoch dauerhaft gepflegt und in Stand gehalten werden. Ohne die nötige Pflege generieren Ihre Kontakte ungefähr so viel Bewegung wie der alte Opel Astra meiner Großmutter, der seit fünfzehn Jahren auf dem Hof vor sich hin rostet.

Zunächst das Nachfassen. Sortieren Sie den neuen Kontakt spätestens einen Tag nach dem Kennenlernen in Ihre Netzwerkdatenbank ein. Sie müssen das erledigen, solange Sie alle Informationen über ihn noch präsent haben. Willkommene Hilfe leisten dafür Systeme wie der „Contact-Master".

Melden Sie sich bei Ihrem neuen Kontakt mit einer kurzen Email zurück. Bedanken Sie sich für das Kennenlernen und fassen Sie noch einmal knapp zusammen, auf welche Weise Sie sich gegenseitig von Nutzen sein können. Damit erhöhen Sie signifikant die Wahrscheinlich, dass sich eine aktive Zusammenarbeit ergibt und Ihr neuer Partner in der passenden Situation sofort auf Ihren Namen kommt.

Fassen Sie nach einem Monat erneut nach, wenn Sie bis dahin nichts mehr von Ihrem neuen Kontakt gehört haben. Ich schreibe noch einmal nach drei, sechs und neun Monaten an. Ergibt sich bis dahin nichts Konkretes, das heißt keine handfeste Empfehlung, stelle ich den Kontakt auf passiv um.

In einem Netzwerk mit vierstelliger Anzahl an Kontakten wird das auf die Dauer viel Arbeit. Tools wie der „Contact-Master" bieten dafür Standardmails an, die mit einem Mausklick vorformuliert sind und dann persönlich angepasst werden können.

Ich bin ja soo im Stress

Meinen Netzwerkpartner Bernd sehe ich jeden zweiten Monat und immer ist er gestresst. Er ist Virtuose in seinem Gebiet. Eben deswegen ist er sehr gefragt und hat volle Auftragsbücher.

Welch ein Luxusproblem! Zumindest in unserer Region geht es vielen Handwerksbetrieben so: Sie wünschen keine weiteren Kunden, sondern mehr Personal. Wann immer ich Bernd getroffen habe, wollte er nur widerwillig neue Auftraggeber annehmen. Wenn, dann auch nur welche, die bereit wären, den Höchstsatz zu zahlen.

Irgendwann war ich es leid, Bernd Empfehlungen für neue Aufträge zu geben, wenn er sich eh nicht darüber freut, sondern sich über noch mehr Arbeit ärgert. Deswegen habe ich ihn im Contact-Master entsprechend umgestellt.

Eines Tages schien er neue Mitarbeiter gefunden zu haben und verkündigte großspurig, dass er wieder offen für Kunden wäre. Doch das hatte wenig Erfolg. Wer über zwei Jahre hinweg beharrlich Aufträge ablehnt, hat sich damit in eine Schublade begeben, aus der er so schnell nicht mehr herauskommt.

6. Niemals über zu volle Auftragsbücher klagen. Sie können freundlich darauf hinweisen, dass mit einer

gewissen Wartezeit zu rechnen ist. Das zeichnet die Qualität Ihrer Arbeit aus. Doch wenn Sie Empfehlungen ganz ablehnen, werden Sie von dieser Person nach einiger Zeit keine mehr erhalten. Und auch das droht sich bei anderen herumzusprechen.

Die zehn Stufen einer Empfehlung

Und plötzlich ist es soweit: Ein Partner, den Sie vor kurzem auf einer Netzwerkveranstaltung angesprochen haben, meldet sich bei Ihnen mit einer kurzen Empfehlung: Er kennt jemanden, der genau Ihre Dienste benötigen könnte. Der Kontakt ist schon angebahnt, Sie müssen sich nur noch bei dem Betreffenden melden. Willkommen im Schlaraffenland.

Und was jetzt? Mit der Empfehlung ist Ihnen somit die Frucht Ihrer Netzwerkarbeit reif und prall in die offene Hand gefallen. Nun müssen Sie das Früchtchen nur noch mit Kunst und Sachverstand für den Verzehr vorbereiten. Damit Sie dabei von Anfang an in den vollen Genuss kommen, skizziere ich Ihnen hier die zehn Stufen, die eine Empfehlung in der Regel ausmachen. Das gleiche gilt natürlich, wenn Sie eine Empfehlung aussprechen möchten, um Ihren Partnern etwas Gutes zu tun und damit auch gleich eine Einlage in Ihr Sozialkapital zu erreichen.

1. Alles beginnt mit dem Gesuch des Empfehlungsnehmers. Hier kommt es sehr darauf an, dass Sie Ihren Wunschkontakt und Ihren Bedarf bzw. Ihr Angebot klar und präzise benennen. Das Werkzeug dafür erwartet Sie bereits im nächsten Kapitel.

2. Der Empfehlungsgeber hat einen Kontakt, auf den Ihr Gesuch zutreffen könnte. Er hält Rücksprache und prüft, ob tatsächlich Interesse vorhanden ist. Nur, wenn der Kontakt den Anruf des Empfehlungsnehmers tatsächlich begrüßt, ist es eine richtige Empfehlung. Ohne diese Rückversicherung ist die sogenannte Empfehlung nur ein Name, der auch in den Gelben Seiten steht.

3. Vor dem Anruf beim potentiellen Neukunden hält der Empfehlungsnehmer Rücksprache mit dem Empfehlungsgeber und holt sich Tipps über den günstigsten Umgang und eine passende Ansprache.

4. Nun kommt es zur Kontaktaufnahme mit dem Interessenten, zur Terminvereinbarung oder in manchen Fällen auch direkt zum Angebot.

5. Es gebietet nicht nur die Höflichkeit, dem Empfehlungsgeber eine Rückmeldung per Telefon oder E-Mail zu geben. Er hat Ihnen schließlich einen wertvollen Kunden anvertraut und möchte sicher auf dem Stand der Dinge sein.

6. Nun entsteht der Auftrag und kann abgewickelt werden.

7. Der neue Kunde wird als weiterer Kontakt in Ihrer Netzwerkdatenbank ergänzt.

8. Der Empfehlungsgeber versichert sich beim Kunden über die vollständige Zufriedenheit mit dem Empfehlungsnehmer.

9. Der Empfehlungsnehmer bittet seinen Neukunden um eine aussagekräftige Referenz.

10. Die Referenz wird zur Gewinnung von Neukunden eingesetzt.

VI. Gesprächs-Leitfaden: Reden Sie sich empfehlenswert!

Es ist an der Zeit, uns detailliert der Gesprächsführung zu widmen. Bis hierher gab es viele Szenen und Beispiele, in denen Sie sich mit Ihrem Gegenüber im Gespräch befinden. Sie haben eine klare Vorstellung, weshalb Sie sich von der persönlichen Begegnung mit neuen Partnern mehr versprechen dürfen als von einer gut gemachten Website oder dem Xing-Profil. Auch, wenn beides dennoch schwer verzichtbar ist.

Das Gespräch ist unser vielseitigstes Werkzeug und vor allem in der Anfangszeit hängt vieles, wenn nicht alles daran, wie geschickt Sie dieses Werkzeug einsetzen. Das ist alles keine Revolution. Auch eine drittklassige Vertriebsschulung besteht zu mindestens 75 Prozent aus Gesprächstraining. Angehende Outbound-Telefonisten oder Multilevel-Marketer lernen dort, eins zu eins die Sätze nachzusprechen, die statistisch die höchste Konversionsrate erzeugen.

Und da ist der Vergleich auch schon abrupt und unwiderruflich zu Ende. Meine Seminare und Workshops beginnen mit den Worten „Seid keine Kopie!" Wir wollen nicht die schnelle Unterschrift, sondern das Vertrauen unserer

Partner. Also machen Sie niemandem etwas vor, spielen Sie keine Rolle! Zeigen Sie, wer Sie sind und was Sie haben! Das ist der beste und einfachste Weg, Vertrauen zu gewinnen und zu beiderseitigem Nutzen dauerhaft zu erhalten.

Netzwerken lebt von Authentizität. Deswegen wäre es verfehlt, meine Beispielsätze oder die eines anderen Autors eins zu eins nachzusprechen. In diesem Gesprächsleitfaden lernen Sie typische Situationen kennen und bekommen praktische Anregungen für die Haltung und das Auftreten für den größten Netzwerkerfolg.

Schweigen ist Silber, Fragen ist Gold

Jedes Gespräch hat eine natürliche Dynamik und so soll es auch bleiben. Doch früher ging es mir häufig so, dass ich mich über eine halbe Stunde mit jemandem unterhalten habe und nach der Verabschiedung blieb ein Eindruck, der ungefähr so aussah: „Das ist ein interessanter Mensch. Professionell und sehr sympathisch. Aber was genau macht er eigentlich?"

Ich habe mir deshalb einen kompakten Fragenkatalog angelegt, den ich immer im Hinterkopf habe. So kommen bei jeder interessanten Begegnung kurz und knapp auch die Punkte zur Sprache, die mich später mit Sicherheit noch einmal interessieren werden.

„Was machen Sie denn (Schönes)?"

Das ist der Standardspruch auf Netzwerkveranstaltungen. Wenn ich jedes Mal 10 Cent bekäme, wenn ich... Aber nein, letzten Endes erwirtschaftet dieser kleine Satz wesentlich mehr. Er passt immer und funktioniert bei unbekannten Teilnehmern auch gut als Begrüßung. Die unscheinbare Floskel ist ungemein praktisch, denn sie bringt das Thema zielsicher auf die Frage, die uns beim Unternehmerfrühstück zusammenbringt. Und er empfiehlt sich ebenso bei einem spontanen Gespräch an der Bushaltestelle. Vielleicht ist ja die Dame, die dasselbe Buch liest wie Sie, Abteilungsleiterin in einem großen, regionalen Unternehmen?

Zu den Dingen, die ich immer wissen will, gehört der Lieblingskunde für das Produkt oder die Dienstleistung meines Gesprächspartners. Oft meine ich, auf die Zielkunden schon aus dem Angebot schließen zu können. Ich spreche den Punkt trotzdem ausdrücklich an. Denn ich habe mich schon mehr als einmal in meiner ersten Annahme geirrt und ohne die konkrete Nachfrage wäre es zu mancher Empfehlung von meiner Seite nicht gekommen.

„Biete" und „Suche" sind die wichtigsten Informationen, um den neuen Kontakt mit meinem Netzwerk zu verknüpfen. Nun vertiefe ich das Gespräch durch Rückfragen, um meinen Gegenüber besser zu verstehen und ihm so zielgerichtet helfen zu können:

- Was ist der Kundennutzen des Produktes?

- Was unterscheidet ihn von seinen Marktbegleitern?

- Auf welchem Weg kam er zu diesem Produkt oder dieser Dienstleistung und was ist seine Mission?

Ich mag vor allem die letzte Frage. Damit rücken wir das Gespräch einen Schritt näher an die persönliche Ebene. Ich will erfahren, was meinen Partner wirklich antreibt. Oftmals ist dies eine interessante persönliche Geschichte. Mir hilft diese Frage auch, um einen Eindruck über die Qualität des Kontaktes zu gewinnen. Habe ich jemanden vor mir, der einfach nur seinen Job macht? Oder erkenne ich wirklich Leidenschaft für die Sache? Im zweiten Falle wird er mir besser in Erinnerung bleiben und ich werde ihn besonders gerne an meine Geschäftsfreunde empfehlen.

Persönlich fahre ich mit Direktheit sehr gut. So lasse ich mir von meinem neuen Kontakt gerne seine drei besten Geschäftspartner aufzählen.

Ich möchte mein Netzwerk erweitern. Welche drei Geschäftspartner können Sie mir bedenkenlos empfehlen?

oder

Wen kennen Sie, den ich auch kennenlernen sollte?

Auch diese Frage trennt oftmals die Spreu vom Weizen. Wer jetzt rumstammelt, könnte ein Aufschneider sein und keine guten Kontakte haben. Ein guter Netzwerker dagegen wird Mühe haben, sich nur für drei seiner guten Kontakte entscheiden zu müssen.

Ich bin auf Netzwerkveranstaltungen präsent, um die Grundlage für gute Geschäfte zu legen. Deswegen rede ich auch über private Themen. Das bietet sich natürlich erst an, wenn das Vertrauen aufgebaut und eine Grundsympathie vorhanden ist.

Die Spezies der Mäuse und Pinguine macht das übrigens genau andersherum. Bei ihnen geht es in den meisten Gesprächen um allgemeine und private Themen. Geschäftliche Interessen und mögliche Synergien auszuloten ist ihnen dagegen viel zu heikel. So wissen Netzwerker mit einem vergleichbaren Stil zwar oft viel über ihre Kontakte. Nur werden daraus leider keine Geschäftspartner.

Wenn ich mit jemanden über seine Interessen, Fähigkeiten und Hobbys spreche, tritt er zu einem Teil aus der Rolle des Geschäftsmanns heraus und es offenbaren sich neue Facetten. Das sind wertvolle Anhaltspunkte, um eine Person mit dem eigenen Netzwerk zu verknüpfen.

Ein kleines Beispiel: Ich selbst interessiere mich nicht wirklich für Oldtimer. Doch ich weiß genau, wer in meinem Netzwerk eine Leidenschaft für schöne, alte Fahrzeuge hat. Wenn ich zwei Bekannte in Kontakt bringe, die seltene und exklusive Hobbys teilen, sind sie mir manchmal sogar noch dankbarer als für eine geschäftliche Empfehlung. Ein anderes Beispiel kam schon im vorigen Kapitel zur Sprache: Die junge Reiterin und der Nachbar des Olympiasiegers. All diese Themen sind rein privat, doch sie haben sich so zusammengefügt, dass ich die Beziehung zu wertvollen Geschäftskontakten angenehm vertiefen konnte.

Oftmals ergeben sich Anlässe für Empfehlungen aus dem Privatleben, weil mein Gesprächspartner eine gegenwärtige Herausforderung hat, für die jemand anders in meinem Netzwerk eine Lösung hat. Deswegen begrüße ich Bekannte nicht mit der Floskel

Wie geht es Dir?

Lieber stelle ich mit ehrlichem Interesse präzise aber auch unerwartete Fragen:

Welche Themen bewegen Dich aktuell?

Was sind Deine gegenwärtigen Projekte?

Auf so einfache Art öffnen Sie das Gesprächsfeld für einen weiteren Themenkreis, der auch das Private einschließt.

Die Ehepartnerin sucht einen neuen Job? Ich weiß von einer Praxis um die Ecke, die eine Sprechstundenhilfe sucht. Die Renovierung geht nicht voran und alle Handwerker sind ausgelastet? Ein Klempnermeister schuldet mir noch einen

Gefallen. Der macht das in drei Tagen. Der Sommerurlaub muss kurzfristig umgeplant werden? Ein lieber Geschäftsfreund hat ein Ferienhaus an der Küste, das oft leer steht und dringend mal gelüftet werden sollte, und so weiter. Aus einem umfangreichen Netzwerk lässt sich für überraschend viele Fragen ein passender Kontakt empfehlen.

Zum Ende des Gespräches stelle ich grundsätzlich explizit folgende Frage:

Bevor ich gehe: Ich verfüge über ein großes Netzwerk von Unternehmern und Fachkräften in der Region. Was suchen Sie, von neuen Kunden abgesehen, im Augenblick dringend? Vielleicht kann ich Ihnen behilflich sein.

Erfahrungsgemäß sind meine Gesprächspartner zu 50 % wunschlos glücklich, was oftmals ein Zeichen dafür ist, dass sie sich nicht intensiv auf die Netzwerkarbeit vorbereitet haben. Die anderen 50 % können einen klaren Bedarf aussprechen. So kann ich entweder gleich Kontakte herstellen oder von nun an die Augen offen halten.

Wenn Sie sich an diesem Fragenkatalog orientieren, haben Sie allerbeste Aussichten, vielen Menschen in Ihrem Netzwerk zu helfen und damit Ihr Sozialkapital zu erhöhen. Sprechen Sie deswegen mit so vielen Leuten wie nur möglich!

Der Elevator-Pitch: Das tägliche Brot des Netzwerkprofis

Spätestens, wenn Sie die Anregungen aus diesem Buch umsetzen, werden Sie fast täglich mit vielen Menschen sprechen. Doch in der Regel haben Sie dabei keine halbe Stunde Zeit, um sich allmählich und in vielen Versuchen voranzutasten. Deswegen muss ein Netzwerker seinen „Elevator Pitch" beherrschen. Die knappe, auf den Punkt gebrachte Einstiegsrede verschafft Ihnen im Zusammenspiel mit der passenden Garderobe einen zielsicheren ersten Eindruck.

Wenn Sie es konsequent durchziehen, hat Ihr Gegenüber nach drei Minuten alle Informationen, die er braucht. Nachdem Sie sich seinen Pitch angehört haben, könnten Sie lässig Visitenkarten austauschen und danach von mir aus über die Bundesliga oder österreichische Krimis reden. Tun Sie das aber nicht zu lang! Es schwimmen noch viele andere Fische im Teich. Der Profi nimmt sich in dieser Phase noch ein wenig Zeit um die Beziehung zu festigen. Dabei geht es auch immer darum, zum beiderseitigen Vorteil mögliche Synergien auszuloten. Dann widmet er sich einer anderen Person.

Diese Gesprächstechnik entstand in den frühen 80er Jahren in den Vereinigten Staaten. Die Legende geht so: Ein motivierter Angestellter hatte eine gute Idee für seine

Abteilung, aber keine Chance auf das Interesse seines Vorgesetzen. Eines Tages ergab es sich, das er auf dem Weg ins Großraumbüro den an der Fahrstuhltür (englisch: Elevator) neben dem Big Boss persönlich stand. Das war die eine, unwiederbringliche Chance, ein Gespräch anzufangen und den entscheidenden Mann von der Idee zu überzeugen. Doch dafür hatte er nur solange Zeit, bis der Fahrstuhl auf seiner Etage angekommen war. Unser junger, ambitionierter Angestellter war so gut vorbereitet, dass er in dieser kurzen Zeit den Chef nicht nur vom Mehrwert der Umstrukturierung überzeugt. Er bekam auch den Posten seines ehemaligen Vorgesetzten.

Legende oder nicht: Das Beispiel machte Geschichte und so verbreitete sich die Technik der Kurzvorstellung in sechzig Sekunden. Sie wurde zur wichtigen Präsentationsform für Start-ups, die ihre Geschäftsidee in kürzester Zeit bei beschäftgten Investoren „pitchen" müssen. Heute gehört ein guter Pitch zum täglichen Handwerkszeug von Vertrieblern und Netzwerkern.

Ich habe selbst den Elevator Pitch im Einzelcoaching intensiv studiert und jahrelang in der Praxis optimiert. Meine besten Techniken gebe ich in Intensivworkshops regelmäßig an Unternehmer und Vertriebler weiter. Im folgenden Teil lernen Sie eine Formel kennen, mit der Sie Ihren persönlichen Pitch aufbauen können. Es ist ein flexibles Baukastensystem, das sich beliebig variieren lässt. Denken Sie aber immer daran, dass die Formulierungen hier von Ihnen mit Leben und Persönlichkeit gefüllt werden wollen!

Das Grundschema für Ihren Pitch

Wenn Sie eine Weile auf Netzwerkveranstaltungen unterwegs waren, fällt Ihnen irgendwann auf, dass die erste knappe Minute immer auf ähnliche Weise verläuft. Das liegt zum Teil daran, dass es sich einfach anbietet, bestimmte Dinge anzusprechen. Stichwort Fragenkatalog. Und zum anderen daran, dass Sie vielen erfahrenen Unternehmern begegnen werden, denen die Technik des Pitchens schon in Fleisch und Blut übergegangen ist. Folgende Struktur werden Sie regelmäßig wiedererkennen:

1. Was mache ich? Was ist mein Angebot?

2. Was nützt das? Welchen Nutzen hat mein Kunde?

3. Was macht mich besonders? Wo liegt mein Alleinstellungsmerkmal?

4. Wen suche ich? Wer ist mein Zielkunde?

5. Was sollen Sie für mich tun? Call to Action!

Nehmen Sie sich diese fünf Punkte her und formulieren Sie zu jedem einen disziplinierten Dreizeiler, der Sie so genau wie möglich beschreibt. Das ist die Basis für einen gelungenen Elevator Pitch.

Der galante Einstieg

Wenn ich noch einmal *„Guten Morgen auch von mir. Mein Name ist ..."* hören muss, werfe ich mit Rührei! Ein bisschen mehr Kreativität wünsche ich mir. So gut Sie die Floskel: „Für den ersten Eindruck erhältst keine zweite Chance" kennen, so wahr ist sie auch. In weniger als zehn Sekunden entscheidet sich, wieviel Aufmerksamkeit und welche Grundhaltung Ihr Gesprächspartner Ihnen von nun an entgegenbringt. Deswegen möchte ich Ihnen für den galanten Start fünf kreative Optionen vorstellen:

1. Ich helfe A bei B, damit C:

Das ist ein Mini-Pitch. Wenn Ihnen sonst nichts einfällt oder sie statt 60 Sekunden nur sechs haben, kann dieser Start auch alleine stehen. Es handelt sich um einen simplen Dreisprung:

A: Wer ist meine Kernzielgruppe?

B: Welches Problem löse ich für sie?

C: Was hat mein Kunde davon?

Beispiel:

*Ich helfe Start-ups, sich kurz und wirkungsvoll
zu präsentieren, damit Sie aus jeder Begegnung
den maximalen Nutzen ziehen können.*

2. Stelle eine Einstiegsfrage:

Einstiegsfragen bieten sich an, wenn die Antwort kurz,
knapp und sensationell ist.

*Auf wie viele Kaltanrufe kommt ein neuer Kunde? Im
Schnitt werden aus hundert Anrufen zehn Interessenten
und mit Glück ein Abschluss. Also 99-mal Ablehnung.
Meine Kunden lernen bei mir, wie Kundenempfehlungen
mit Netzwerkarbeit von selber kommen.*

oder

*Was glauben Sie: Wieviel Geld spart der Umtausch
einer Neonröhre auf LED ein? (dramatische
Pause) Im Lauf der Lebensdauer satte 500
– für jede einzelne Röhre! Deshalb ...*

3. Beginn mit einem Zitat:

Beziehungen schaden dem, der keine hat, sagte
der deutsche Philosoph Klaus Klages. In meinem
Netzwerker-Seminar lernen Unternehmer ...

Zitate sind ein wunderbar weites Feld an Möglichkeiten. Ihr Charme besteht auch darin, dass die Aussage, die Sie treffen möchten, von unantastbarer Stelle autorisiert ist. Sie können durch kreative Zitate beeindrucken, die ihre Zuhörer bisher noch nicht kannten und zum Denken anregen werden. Wirkungsvoll ist das Spiel mit gekonnter Verfremdung und Wortwitz.

Der Volksmund weiß „Wer andern eine Grube gräbt,
fällt selbst hinein." Bei Tiefbau-XY hatten wir damit
zum Glück noch keine negativen Erfahrungen.

Ich bin auch ein großer Freund von Zitaten, die zum Schmunzeln anregen, weil sie offensichtlich falsch oder völlig unerwartet sind.

Glaub nicht alles, was im Internet steht,
sagte bereits Leonardo da Vinci.

oder

Ein großer deutscher Philosoph sprach einst die weisen
Worte: Ein Spiel dauert 90 Minuten. Unternehmer haben

aber nicht immer so viel Zeit. Deshalb lernen Sie beim Elevator-Pitch-Seminar, in 60 Sekunden alles zu sagen.

4. Es gibt zwei Arten von Menschen

Hier kommt erst das Negativbeispiel und dann der Unterschied, den Ihre Lösung ausmacht.

Es gibt zwei Arten von Menschen: Die einen quälen sich mit Telefonakquise. Den anderen flattern die Aufträge durch geschicktes Netzwerken von allein ins Haus.

oder

Es gibt zwei Arten mit Fachkräftemangel umzugehen. Die einen Unternehmer lassen sich von Personalvermittlungen für teures Geld Amateure aufschwatzen. Die anderen haben überhaupt keinen Fachkräftemangel mehr, weil ihnen die eigenen Mitarbeiter regelmäßig echte Experten aus deren privaten Umfeld vorstellen.

5. Problem beschreiben: „Kennen Sie das?"

Mit dieser rhetorischen Figur laden Sie den Zuhörer ein, sich Ihre Position zu eigen zu machen. Sie sind auf der gleichen Seite und haben damit schon einen wichtigen Vorteil.

Kennen Sie das? Jemand fragt Sie, was Sie beruflich machen und sie fangen erstmal an, zu überlegen.

Sie können die Zuhörer auch aktiv mitwirken lassen:

Da ist man volle vier Stunden auf einem Netzwerkfrühstück und hat nach sieben Tassen Kaffee noch keinen einzigen Kunden gewonnen. Wer von Ihnen kennt das auch?

Sie strecken dabei als erster die Hand nach oben und motivieren damit die Zuhörer, es Ihnen gleich zu tun.

Wichtig ist, Ihren Zuhörer nicht mit einer solchen Negativzuschreibung zu beleidigen. Idealerweise beschreiben Sie ein Problem, dass Sie früher selbst hatten, für das Sie dann aber eine Lösung kennengelernt haben, die nun Ihr Produkt oder Ihre Dienstleistung ist. Wenn das möglich ist, haben Sie auf sympathische und glaubhafte Weise Augenhöhe hergestellt.

Das gewisse Extra

Wenn Sie das Grundschema und den galanten Einstieg beherrschen, sind Sie besser ausgestattet als 95 % der Verkäufer, die ich in meiner Laufbahn kennengelernt habe. Doch da geht noch mehr. Ich empfehle Ihnen fünf „gewisse Extras", um besonders nachhaltig in Erinnerung zu bleiben.

6. Leidenschaft: Was treibt mich an?

In meinem Workshop „Big Five for Business" lernen die Teilnehmer aus ihren Lebenszielen heraus ein Nischenprodukt zu entwickeln und ihr Alleinstellungsmerkmal zu definieren. Das ist elementar für die Kundenfindung. Aber es ist auch ein hervorragendes Mittel, um in Erinnerung zu bleiben und mehr Empfehlungen zu erhalten.

Ein Praxisbeispiel: Marco Fehl ist ein Geschäftsfreund, der mir in den letzten Jahren besonders ans Herz gewachsen ist. In einer Frühstücksrunde hatten alle vor ihm einen konventionellen Business-Pitch vorgetragen. Dann begann er und sprach von seiner Familie.

Ich bin stolzer Vater von zwei Töchtern und im Sommer kommt die dritte. Ich liebe meine Kinder über alles und will, dass es Ihnen gut geht. Damit es den Kindern gut geht, muss es aber auch den Erzieherinnen gut gehen. Deswegen unterstützen wir von „KiKoo" Kitas und Kindergärten bei der Generierung von Fördergeldern, um sinnvolle Maßnahmen für Kinder, Eltern und Erzieherinnen ...

Die Dienstleistung und der Produktnutzen sind in den Hintergrund gerückt. Doch jeder hat wahrgenommen, dass Marco und sein Produkt den Kindern helfen. Mehr als einer der Anwesenden hat sofort darüber nachgedacht, wie er das Angebot von Marcos Firma bei seiner Kita ins Gespräch bringen könnte.

7. Gegenstand / Kleidung als Gedächtnisanker

Bilder sagen mehr als Worte. Unser Gehirn ist darauf programmiert, visuelle Einflüsse besser abzuspeichern als Gehörtes. Deswegen können wir uns an Inhalte aus einem Film besser erinnern als an die Szenen aus einem Hörbuch.

Also machen wir uns das auch beim Elevator Pitch in einer Netzwerkrunde zu Nutze. Wir setzen einen „Gedächtnisanker". Das könnte berufstypische Kleidung sein oder ein nicht alltäglicher Gegenstand. Spielen Sie mit Klischees. Es darf kitschig werden. Alles ist recht, wenn Sie damit das Ziel erreichen, in Erinnerung zu bleiben.

Eine Teilnehmerin meines Elevator Pitch Trainings protestierte an diesem Punkt. Als Rechtsanwältin könnte sie unmöglich in Berufskleidung zu einer Netzwerkveranstaltung kommen. Man geht mit einem Talar oder einer Robe nicht mal über die Straße, sondern zieht sich erst im Gerichtssaal um. Ja, und genau aus dem Grund sollte sie es machen. Wer hat denn einen Talar schon mal aus der Nähe gesehen?

Handlicher, wenn auch nicht viel leichter, wäre ein Gesetzesbuch als vorzeigbarer Gegenstand:

*Das Urheberrechtsgesetz hat über 2000 Seiten. Dazu
kommen noch das Verwertungsgesellschaftengesetz,
das Verlagsgesetz und tausende Seiten Änderungen,
Urteile und Kommentare. Die wollte ich heute
nicht hertragen. Sie können sich Beratung zum
Urheberrecht am Stammtisch oder im Internet
holen. Oder sie fragen jemanden, der weiß, welche
dieser Seiten für Ihre Projekte relevant sind.*

8. Aktueller Kunde / eine Referenz

Punkte sammeln Sie im ersten Satz, wenn Sie einen Kunden als bekannte Referenz einbauen können. Das schafft Vertrauen bei den Zuhörern und öffnet auch den Fokus, an wen man sie empfehlen könnte.

*Letzte Woche war ich wieder für eine In-House-
Schulungsreihe im Mercedes-Neuwagenzentrum.
Früher haben dort nur die zwölf Vertriebsmitarbeiter
den Umsatz gemacht. Mittlerweile bringt die Mehrheit
der übrigen 30 Mitarbeiter auch geschäftliche
Empfehlungen aus deren privaten Netzwerken ein.*

*Der Umsatz ist seit Beginn unserer Zusammenarbeit um
15 % gestiegen. Und auch in der Buchhaltung und in der
Servicewerkstatt freuen sich die Mitarbeiter über das
Zusatzeinkommen durch die Empfehlungsprovision.*

Diese Win-Win-Win-Situation möchte ich auch
anderen Autohäusern anbieten. Ich suche daher nach
Kontakten zur BMW-Niederlassung in Dresden und ...

9. Einen Schocker einbauen

NEIN?! – Das war die Reaktion meines Kunden, als er
die letzte Stromrechnung erhielt. Mit der Umstellung auf
LED gibt es keine Probleme mit Nachzahlungen mehr.

Von meinem 100 Dezibel lauten NEIN wird auch der letzte Unausgeschlafene beim Unternehmerfrühstück endgültig aufgeweckt. Doch man muss nicht zwingend brüllen, um zu schocken. Ein Kollege hatte sich bei einem Auftritt bei meinem Toastmasters Rhetorikclub eine Zigarette zwischen die Lippen gesteckt und das Feuerzeug schon rangeführt. Selbst vor dem Nichtraucherschutzgesetz wäre das ein extremer Tabubruch gewesen. Sie hätten eine Stecknadel fallen hören können. Mit dem Schocker kommt der Bogen zum eigenen Thema. Hier führte das Rauchen weiter zu Gesundheitsleistungen.

10. Ende mit Slogan

Was Sie als letztes sagen, bleibt am meisten in Erinnerung. Deswegen nenne ich meinen Namen nicht am Anfang, sondern nach dem Call to Action am Ende.

Idealerweise haben Sie einen einprägsamen Firmenslogan, der den Inhalt Ihrer Dienstleistung einprägsam und informativ zusammenfasst. Einen besseren Abschluss für Ihren Pitch könnten Sie gar nicht finden.

Nach Jahren unvergessen

Nachdem ich schon mehrere Jahre in Leipzig lebte, schien es mir an der Zeit, den Steuerberater zu wechseln und mich vor Ort betreuen zu lassen. Wie es sich für einen Netzwerker gehört, fragte ich meine wichtigsten Geschäftsfreunde, wer im Umkreis als Steuerberater zu empfehlen ist. Mit großer Mehrheit lautete die Antwort: Thomas Jahrmärker.

Also Griff ich zum Telefon, um ihm eine Zusammenarbeit vorzuschlagen. Nachdem ich durchgestellt wurde, begann das persönliche Gespräch:

„Guten Tag Herr Jahrmärker, mein Name ist Roman Topp und ich …"

„Ach, hallo Roman!"

„Äh ja … Sie wurden mir empfohlen, weil …"

„Sind wir auf einmal wieder beim Sie?"

Okay, was war da los? Es stellte sich heraus, dass wir uns vor mehr als zwei Jahren auf einer Netzwerkveranstaltung begegnet waren. Ich war damals noch in Sachen Energiekostenoptimierung unterwegs und habe für meinen Elevator Pitch die Kerze auf dem Tisch genutzt.

„Wie werden den Strom so günstig machen, dass nur noch die Reichen Kerzen anzünden – sagte Thomas Alva Edison anno 1890. Damit hatte er für eine ganze Zeit lang Recht. Doch wenn die Strompreise weiter so steigen, dürften die Kerzen bald wieder billiger werden. Wenn Sie Stromkosten sparen möchten ...“

Dieser Elevator Pitch hatte sich beim Steuerberater Thomas Jahrmärker so eingebrannt, dass er sich nach all der Zeit noch bestens an mich erinnern konnte. Ich dagegen hatte ihn längst vergessen. Die Gabe, sich Namen und Gesichter zu merken, ist bei den Menschen eben unterschiedlich gut ausgeprägt. In jedem Falle kann ich durch einen kreativen Elevator Pitch selbst dazu beitragen, dauerhaft in Erinnerung zu bleiben.

Bei einem Elevator Pitch sollten Sie auffallen. Nutzen Sie Kreatives, wie Einstiegsfragen, Zitate oder visuelle Hilfsmittel.

Mit Unbekannten ins Gespräch kommen

Waren Sie schon mal alleine bei einer Netzwerkveran-staltung? Großartig! So haben sie beste Voraussetzungen, interessante Menschen kennenzulernen. Allerdings haben genau davor viele Einsteiger, in denen noch etwas von der Netzwerkmaus steckt, gehörigen Respekt, wenn nicht so-gar Angst. Die Vorstellung, vor einem gestandenen Unter-nehmer zu stehen und zu stottern ist für so manchen ins-geheim der Hauptgrund, weshalb trotz aller Nachteile lieber aus sicherer Entfernung Kaltakquise durchgeführt wird.

Nun kann ich Sie beruhigen. Die Angst ist unbegründet. Auf Netzwerkveranstaltungen wurde in meiner Anwesen-heit noch nie jemandem der Kopf abgerissen, weil er je-manden ungefragt angesprochen hätte. Für Ihren Erfolg ist es unabdingbar, die Komfortzone solange auszuwei-ten, bis darin auch unbekannte Gesichter Platz haben. Stecken Sie sich klare Ziele und atmen Sie tief durch: Je mehr Ungewohntes Sie wagen, desto erfolgreicher wer-den Sie sein. Ihre Komfortzone ist auch Ihre Erfolgszo-ne! Wer das erst einmal verinnerlicht hat, dessen Selbst-vertrauen wächst enorm.

Wenn ich unterwegs bin und Veranstaltungen in Städten besuche, wo ich niemanden kenne, verhalte ich mich kon-sequent so, als wäre ich der Gastgeber. Denken Sie zurück an den letzten runden Geburtstag, den Sie im großen Stil gefeiert haben! Haben Sie sich da etwa von Ihren Gästen zurückgezogen, sich allein in eine Ecke gesetzt und versucht, unauffällig zu bleiben? Oder haben mit möglichst jedem zumindest einmal gesprochen und sich besonders auch um die Gäste gekümmert, die von sich aus wenig Kontakt zu den anderen hatten? Suchen Sie nach dieser Haltung! Und machen Sie es auf Netzwerkveranstaltungen bitte genauso.

Der Eindruck, dass Sie als stilles Mäuschen niemandem auf die Füße treten und am wenigsten falsch machen, ist hartnäckig und dennoch falsch. Je weniger aktive, offene Teilnehmer auf einer Veranstaltung sind, desto träger wird die Atmosphäre. Sie können stattdessen auf die hiesigen Mäuse zugehen und sie einfach direkt ansprechen. Die erfahrenen Netzwerker um Sie herum werden Ihnen dankbar sein, dass Sie sich mit um die Einsteiger kümmern und man nicht selber die Initiative ergreifen muss. Ohne große Mühe zeigen Sie sich damit gleich als Netzwerker mit Erfahrung. Das macht auch die alten Hasen neugierig.

Der Kontakt zu Personen, die sich allein im Raum aufhalten, ist besonders leicht. Doch Sie haben ja schon bemerkt, dass Sie solo vorrangig die Mäuse antreffen werden. Die sind natürlich auch interessant. Doch Sie wollen die Schwergewichte unter den Anwesenden kennenlernen. Die hätten nicht die meisten und besten Kontakten, würden sie auf einer Netzwerkveranstaltung regelmäßig allein Kaffee trinken.

Die Teilnehmer, die Sie unbedingt kennenlernen sollten, erkennen Sie zielsicher daran, dass sie immer mit irgendwem im Gespräch sind. Was tun Sie, wenn zwei oder drei Leute bereits in Gruppen zusammenstehen und sich angeregt unterhalten? Ich stelle mich einfach schweigend dazu. Ich höre mir an, worüber gesprochen wird und beginne nach ein paar Sätzen zustimmend zu nicken. Das geht so gut wie immer, weil in dem Rahmen, in dem wir uns hier bewegen, destruktive oder heikle Themen vermieden werden. Zustimmung macht schon mal sympathisch. Nun können drei verschiedene Dinge passieren:

Die beiden diskutieren angeregt weiter und ignorieren meine dezente Anfrage, mit der Runde anzuschließen. Das ist okay. Dann haben sie gerade gemeinsam ein Thema und es ist der falsche Zeitpunkt fürs Kennenlernen. Es gibt keinen Grund, ihnen das übel zu nehmen. Ich mache das selbst ganz genauso, wenn ich mit einem Gesprächspartner vertieft spreche und nicht auf einen Dritten umschalten will. Wenn ich nach knapp einer Minute keine Beachtung oder einen Gesprächsanteil bekomme, gehe ich genauso zu einer anderen Gruppe weiter.

In vielen Fällen wird aus meiner nonverbalen Zustimmung eine ausgesprochene, weil ich etwas zum Thema beitragen kann. Das ist aber nur eine kleine Verzögerung, denn früher oder später geht die Begegnung ins letzte Stadium über:

Einer der beiden fragt direkt: „Und wer sind Sie?" Das ist meine Einladung, mich offiziell vorzustellen. Und der richtige Moment für einen lockeren, auf die Situation abgestimmten Elevator Pitch.

Sichtbarkeit gewinnt: Die Kunst des Onlineprofils

Es gibt Leute, die auf Netzwerkveranstaltungen, im Kooperationsgespräch und auch bei Ihren Kunden mit schlafwandlerischer Sicherheit einen positiven Eindruck hinterlassen. Bei der Nachbereitung stoßen die dann auf ein Onlineprofil bei XING, Facebook oder LinkedIn. Nun ist der attraktive, professionelle Eindruck nachhaltig gestört. Sie netzwerken vielleicht, was das Zeug hält, und wundern sich, warum seit über einem Jahr kaum nennenswerte Ergebnisse zu spüren sind. Was würde ich denn sehen, wenn ich Google frage, wer Sie sind?

Aus vielfach erlebtem Anlass hier eine Handvoll Selbstverständlichkeiten: Verwenden Sie ein aktuelles und sympathisches Business-Foto, das ein professioneller Fotograph für diesen Zweck geschossen und aufbereitet hat! Handyschnappschüsse sind ein Ausschlusskriterium.

Schreiben Sie in Ihr XING-Profil klar und ohne Umschweife, was Sie suchen und was Ihr Alleinstellungsmerkmal ist. Wenden Sie dafür die gleichen Prinzipien an, die auch im Elevator Pitch zum Tragen kommen. Die Situation ist ganz ähnlich: Menschen, die sehr wenig Zeit haben, wollen in wenigen Sekunden wissen, woran sie sind.

Vermeiden Sie abgedroschene Floskeln bei „Ich biete". Kundenorientierung, Motivation, Zuverlässigkeit, Kreativität etc. sind wundervolle und wichtige Eigenschaften. Aber eins sind sie mit Sicherheit nicht: Alleinstellungsmerkmale. Plattitüden sind wie Spam auf Ihrem Onlineprofil. Glauben Sie, Ihr künftiger Kunde wird Ihrem Wettbewerber eine Absage erteilen mit den Worten: „Sorry Herr Müller, aber ich habe nach Jahren endlich einen Anbieter mit Kundenorientierung gefunden?" Denken Sie, dass wir hunderttausende unbesetzte Stellen in Deutschland haben, weil die Personalverantwortlichen einfach keinen Bewerber finden können, der ‚kreativ" oder „flexibel" ist?

Haben Sie ein klares „Call to Action" formuliert? Jeder, der ihr Profil besucht, ist ein möglicher Kunde oder Kooperationspartner. Aber aus der Möglichkeit wird nichts, wenn er sich nach einigen Blicken relativ orientierungslos von Ihrem zum nächsten Profil weiterklickt. Helfen Sie ihm: Was soll der Profilbesucher denn für Sie tun?

Lassen Sie uns einen kurzen Augenblick die Kommunikationssituation analysieren: Jemand besucht Ihr Profil oder

Ihre Webseite, um sich über Sie zu informieren. Vielleicht sind Sie sich schon begegnet, häufig hat Sie der Leser aber noch nie „live" erlebt. Das ist ein wertvoller geschäftlicher Kontakt, vergleichbar mit einer Unterhaltung auf dem Netzwerktreffen. Mit dem einen Unterschied, dass Sie nicht dabei sind. Sie werden vertreten durch die Texte und Bilder, mit denen Sie sich online präsentieren.

Alles, was in einem Gespräch stattfindet, sollte in dieser Art auch auf Ihrer Onlinepräsenz ablaufen. Von der Begrüßung und der attraktiven – und knappen, verständlichen – Darstellung Ihres Angebots bis zu dem Moment, an dem Sie den Gesprächspartner zu einer konkreten Reaktion einladen.

Auf meiner XING-Seite findet der Besucher aktuelle Webinare, Interviews, Veranstaltungstipps und kann sich über kommende Seminartermine auf dem Laufenden halten. Andere laden dazu ein, sich zum Fachthema in einen Newsletter einzutragen oder für einen Podcast anzumelden. Attraktive Probeangebote können eine hervorragende Methode sein, um Interessenten mit Ihrer Leistung zu überzeugen. Hauptsache, Ihre Profilbesucher kommen vom Schauen zum Handeln.

Geschäftspost: Die schönsten
Gesten sind nicht elektrisch

Viele Kontakte bedeutet auch das: Viele Briefe im Post-fach und viele Anlässe zum Schreiben. Es gibt Menschen, die tödlich beleidigt sind, wenn man ihren Geburtstag vergisst. Bei der Anzahl meiner Netzwerkpartner, Freunde und Bekannten habe ich keine reelle Chance, überhaupt zu bemerken, wer meinen Geburtstag vergessen hat. Im Gegenteil. Jedes Jahr zum selben Datum ist mein Handy außer Betrieb. Ich kann mich über rituelle Zweizeiler nicht so recht freuen. Insbesondere, wenn ich vom Absender ohnehin nur das eine Mal im Jahr höre und auch nur weil in einem digitalen Kalender mein Name aufpoppt.

Doch wenn ich dann in den Tagen danach die Glück-wunschkorrespondenz abarbeite, sind jedes Jahr viele Nachrichten dabei, die mich beeindrucken. Persönliche Videobotschaften, kreative Kunstwerke, kleine Gedichte und wertschätzende, persönliche Texte. Dadurch schaffen es die Absender sogar, bei einem Geburtstagsmuffel wie mir eine richtige Regung zu erzeugen. Und natürlich bleibt ein Gruß vor dieser Qualität in ganz anderer Erinnerung.

Meine Empfehlung für Sie: Qualität statt Quantität. Neh-men Sie sich für persönliche Nachrichten zu besonderen Anlässen die entsprechende Zeit. Wie mein sehr geschätz-ter Geschäftsfreund Walter Stuber. Er ist der ungekrönte

Kreativitätskönig der Netzwerkarbeit. Jeden Tag schickt er nach dem Zufallsprinzip eine handgeschriebene Postkarte an einen Netzwerkpartner.

Wer sonst schreibt heutzutage noch Postkarten? Selbst Urlaubskarten sind in Zeiten von Facebook und WhatsApp eine Rarität geworden. Mit dem schönen Effekt, dass eine Postkarte von einer fernen Insel heut wieder richtig Freude machen kann. Alles, was Sie von Hand schreiben können, seien es Karten, Briefe, Einladungen oder Danksagungen, ist eine wertvolle Gelegenheit, sich von der Masse abzusetzen. Die kleine Mühe, mit der Hand auf Papier zu schreiben, zeigt als Geste echte Wertschätzung, unterstreicht das gute Verhältnis zu Ihrem Netzwerkpartner und erhöht somit Ihr Sozialkapital.

VII. Die Topp Ten der Netzwerkfehler

Sie haben nun alles Nötige in der Hand, um das Potential des Netzwerks mit voller Kraft für sich arbeiten zu lassen. Ich könnte Ihnen daher einfach alles Gute wünschen und mich darauf freuen, Sie einmal auf einem Unternehmerfrühstück zu treffen.

Dann erinnere ich mich allerdings an meine ersten Schritte. Die waren, gelinde gesagt, etwas tollpatschig. Ehrlich gesagt, ich glaube, ich habe beim Netzwerken zu Anfang jeden großen Fehler gemacht, den ich mir denken kann. Nun sind Fehler nicht verwerflich. Im Gegenteil: Fehler machen ist gut. Wer nichts macht, macht zwar nichts verkehrt. Aber vor allem macht er eben nichts und das ist viel schlimmer. Für Sie hat das den erfreulichen Effekt, dass Sie nicht aus Ihren eigenen Fehlern lernen müssen. Lernen Sie einfach aus meinen!

1. Planlos Netzwerken

Eine gängige Definition von „Erfolg" lautet, ein gesetztes Ziel zu erreichen. Ein zuverlässiger Weg, um Erfolg zu vermeiden, besteht darin, sich keine Ziele zu setzen, sondern die Dinge einfach auf sich zukommen zu lassen.

Spontanität ist schön. Aber im Arbeitsalltag ist es doch von Vorteil, am Anfang zu wissen, was am Ende herauskommen soll. Dass dieser Anspruch gar nicht so selbstverständlich ist, musste ich erst allmählich verinnerlichen. Es gingen wertvolle Wochen und Monate ins Land, während sich beim „Beobachten" und „die Dinge auf sich zukommen lassen" eine hübsche, runde Null als Ergebnis verzeichnen ließ. Ähnlich wirkungslos sind abstrakte gute Vorsätze in der Art von „mehr Umsatz", „die Marke bekannter machen" oder „den Ruf verbessern".

Erst, wenn Sie entschieden haben, was für Sie und Ihr Unternehmen der nächste Schritt sein muss, lassen sich griffige Ziele formulieren. Brauchen Sie im Augenblick tatsächlich mehr Kunden? Möchten Sie mit weniger Kunden mehr Umsatz machen? Benötigen Sie aussagekräftige Referenzen? Oder geht es im Moment eher darum, den passenden Partner für Finanzierung, Produktion oder Marketing zu finden? Ein sinnvolles Netzwerkziel muss konkret und messbar sein. Dann lässt es sich so formulieren, dass es in einen Elevator Pitch passt. So haben alle Anwesenden sofort eine klare Vorstellung davon, an wen sie Ihr Anliegen weiterempfehlen können.

2. Zurückhaltung & falsche Bescheidenheit

> Da war doch mal so ein Vergleich mit dem Schlaraffenland. Im Netzwerk kommt Erfolg von selbst? Also nur kein Stress. Wer wirklich netzwerken will, der kommt schon zu Ihnen. Hängen Sie deshalb ein Schild an die Tür, legen Sie vielleicht noch ein Profil auf XING.com an und warten Sie, bis jemand anklopft und Ihnen die geschäftlichen Empfehlungen frei Haus liefert!

Viele Einsteiger verhalten sich sehr passiv. Dieser typische Fehler hat viel mit dem Charakter der Netzwerkmaus zu tun. Lesen Sie es also nicht als harsche Kritik. Und denken Sie daran, dass ich mir selbst auf diese Art anfänglich den Weg zu nennenswerten Erfolgen verbaut habe. Ich weiß also, wovon ich spreche und wie schwierig es sein kann, über seinen Schatten zu springen.

Wenn Sie sich dann überwunden und den Weg zu einer Netzwerkveranstaltung gewagt haben, gibt es noch einige Stolpersteine. Da wären das Buffet und die Getränke, die sich allzu leicht ins Zentrum Ihres Interesses schmuggeln. Es ist nun mal wesentlich einfacher, Kaffee und belegten Broten ins Auge zu sehen als einer Meute unbekannter Geschäftsleute. Bei den meisten Veranstaltungen werden Sie sich genötigt sehen, zumindest einige kurze Sätze zu Ihrer Person und Ihrer Firma zu sagen. Wenn Sie Aufsehen vermeiden möchten, machen Sie mit leiser Stimme einige unvorbereitete Angaben, die gerade einmal über die Branche informieren, in der Sie tätig sind.

Wer den ersten Netzwerkfehler komplett auskosten möchte, kommt anfangs zu spät, begrüßt niemanden, formuliert weder klare Angebote noch Gesuche, häuft sich statt dessen viel Essen auf den Teller und verlässt die Party, sobald es möglich ist. Die Krönung ineffektiven Understatements ist der Hinweis, dass Sie leider gerade keine Visitenkarten haben, weil die noch gedruckt werden.

Es heißt doch „Netz-WERKEN". Nicht Netz-Warten, Netz-Frühstücken oder Netz-Kaffeetrinken. WERKEN kommt von Arbeit und impliziert zielgerichtete Aktivität. Interessante Veranstaltungen finden Sie auf XING. Alles, was Sie sonst brauchen, haben Sie hier in der Hand.

Mein neuer Psychiater

Die vielleicht gefährlichste Frage in der deutschen Sprache lautet: „Wie geht es Dir?"

„Ach nee, ich sach Dir, ich komme gerade aus der Kur zurück, aber es wird ja doch nich' besser. Dauernd die Schmerzen, da kannst du ja gar nicht mehr richtig arbeiten. Kein Wunder, dass grad alles den Bach runtergeht.

Aber manchmal frag ich mich, warum wir bei diesen Zuständen überhaupt noch arbeiten gehen. Rente kriegen wir doch sowieso nicht mehr und dafür ärgert man sich dann mit den Kunden rum. Die Zahlungsmoral, du weißt ja Bescheid, nicht? Einfach unglaublich manchmal. Das hörst du ja jetzt überall. Wie lange ich schon manchen Rechnungen hinterherrenne…"

"Okay, wie kann ich Dir helfen: Soll ich Dir einen guten Heilpraktiker vorstellen, ein Inkassobüro oder einen Experten für alternative Altersabsicherung?"

„Ach nee Du, lass mal. Das macht doch alles gar keinen Sinn mehr. Nörgel, nörgel, nörgel…"

Während ich vollgemüllt werde und versuche höflich-verständnisvoll dreinzublicken, läuft in meinem Kopf der Refrain von Fanny van Dannens Satirelied:

Er allein hat mich gerettet.
Doch ich kann mich darüber nicht freuen,
denn mein Psychiater hat sich aufgehängt
jetzt brauch ich einen Neuen.
Ich brauche einen neuen Psychiater!

Man sagt, der Charakter eines Menschen ähnelt dem Durchschnitt derer, die ihn umgeben. Deswegen achte ich darauf, von positiven, optimistischen Menschen umgeben zu sein. Wer mich zum Endlager für Nörgelei deklarieren will, wird nicht lange zu meinem Umfeld gehören und damit auch nicht zu meinen künftigen Geschäftspartnern.

Doch ich erwische auch mich öfters dabei, nicht die große Frohnatur zu sein. Da ist man eh schon spät dran und dann kommt eines zum anderen. Erst spielt die Leipziger Verkehrsbehörde bei der Baustellenplanung „Das verrückte Labyrinth", dann tuckelt Oma Hildegard mit Tempo 25 vor mir durch die Umleitung. Und wenn ich endlich ankomme, ist das Areal so zugeparkt, dass ich besser gelaufen wäre. Aber das ist mein Problem. Womit haben es die anderen verdient, dass ich meine Laune an ihnen auslasse?

Für private Sorgen gibt es drei Adressen: Freunde, Familie und Psychiater. Doch auf gar keinem Fall Geschäftspartner. Aus dem Netzwerk halte ich diese

Themen raus, solange es im Gespräch nicht um produktive Lösungen geht. Suchen Sie Ihrer Laune rechtzeitig ein passendes Ventil. Und beantworten Sie die Frage nach dem Befinden immer positiv!

3. Schwafeln und unpassende Gesprächsführung

Es gibt keine zweite Chance für den ersten Eindruck. Ich könnte Ihnen lustige Anekdoten erzählen, wie er sich so richtig vergeigen lässt. Eine hervorragende Strategie ist, sich vorab keine Gedanken darüber zu machen, was Sie Ihrem Gegenüber mitteilen wollen.

Angeheizt durch eine kleine Dosis Unsicherheit erzählen Sie dadurch nicht nur Unwichtiges, sondern bringen Ihren Gesprächspartner durch gegensätzliche Äußerungen gleich komplett durcheinander:

„Ich habe nach meinem Studium der Wirtschaftsinformatik fünf Jahre Vertrieb für multimediale Telekommunikationsprodukte gemacht. Aus meiner Liebe zu Hunden habe ich mich dann 2006 umorientiert in die Tiernahrungsbranche. Vor drei Jahren bin ich dann als Key Account Manager bei GloboStuhl eingestiegen. Kennen Sie? Ihr Fachpartner für ergometrische Büromöbel. Nebenbei bau ich ein Vertriebsnetzwerk für Nahrungsergänzungsmittel mit Stickstofftropfen auf und möchte das künftig hauptberuflich tun."

Ihr Gesprächspartner weiß jetzt alles, was er wissen muss. Sobald sein Hund einen multimedialen Schreibtisch aus Stickstoff braucht, wird er sich garantiert bei Ihnen melden.

Es gehört zu Natur der Sache, dass die Gespräche auf Netzwerkveranstaltungen eher knapp sind. Und der Druck, dem anderen das perfekte Gespräch zu servieren, hat bei mir in der ersten Zeit manche lustige Blüte getrieben. Abhilfe schafft der geübte Elevator Pitch. Bauen Sie den auf und üben Sie ihn, bis er in- und auswendig sitzt. So geraten Sie nicht mehr in Gefahr, steuerlos über den Ozean der Nebensächlichkeiten zu driften.

4. Den eigenen Zielkunden nicht kennen

Schön und gut. Sie sind an einen Gesprächspartner geraten, der sich mit Geduld, Neugier und manchem ironischen Lächeln durch die Untiefen Ihres Gespräches bis zur Substanz durchgefragt hat. Es könnte nun passieren, dass er tatsächlich herausfindet, was Sie anzubieten haben.

Nun sind Sie nah dran. Aber die Sache ist noch nicht im Kasten. „Für wen machen Sie das?", lautet eine unscheinbare Frage, die ich in meinen Sturm-und-Drang-Wochen

gerne ignoriert habe. Meine Zielgruppe war weit
gefasst. Also – eigentlich – jeder, im Prinzip.

Nach dieser pfiffigen Antwort musste ich dann immer
gleich den Bleistift spitzen, denn meine geduldigen
Gesprächspartner haben sofort ihre Kontakte durchforstet,
um mich an jeden einzelnen weiterzuempfehlen, auf den
die Beschreibung „eigentlich jeder" zutrifft. <Ironie aus>

Beschreiben Sie Ihren Wunschkunden so konkret wie
nur möglich. Demografisch, mit allem, was sich zählen und messen lässt:

• Mittelständische Baufirmen mit 50–100 Angestellten;

• Alleinerziehende Mütter im Großraum Köln;

• Abteilungsleiter von 45–55 Jahren.

• Und soziografisch, anhand von Charakter und Verhalten:

• Firma mit sozial eingestelltem Chef, dem die
  Zufriedenheit der Mitarbeiter wichtig ist;

• Mütter, die nach Erziehungsurlaub wieder arbeiten möchten;

• Abteilungsleiter, die gerne Golf spielen.

Was machst Du eigentlich so?

Ich stand an der Kaffeemaschine in einem Seminarzentrum und gähnte so weit, dass ich ein ganzes Toastbrot hätte verschlingen können. Als ich die Augen wieder öffnete, erblickte ich Pia neben mir. Pia ist eine private Bekannte, mit der ich noch nie über Berufliches gesprochen hatte. Das konnten wir jetzt nachholen:

„Hey, was machst Du denn hier?"

„Ich habe heute einen Raum mit meiner Projektgruppe gemietet, damit wir etwas besprechen können."

„Was machst Du eigentlich so?"

„Wir befassen uns mit Systemintegration."

„Ah ja, und was bedeutet das?"

„Wir wählen für unsere Kunden die Software aus und befassen uns damit, wie sie in das bestehende System integriert werden kann."

„Ooookay, und wer braucht sowas?"

„Grundsätzlich jede Firma."

„Pia, Du weißt, ich kenne Hunderte von Firmen. Vielleicht können einige meiner Geschäftspartner Deinen Service gut gebrauchen. Kannst Du mir etwas präziser sagen, welche Art von Firma Dein Zielkunde ist?"

„Ja, alle Firmen, die Software kaufen und dann integrieren müssen."

„Danke, passt schon. Lass uns das nächste Mal einfach wieder über Partys reden."

Pia steht exemplarisch für unzählige andere. Die große Mehrheit der Unternehmer tut sich schwer, ihr Angebot auf den Punkt zu bringen. Erfolgreiche Unternehmer hingegen können Ihren Elevator Pitch zu jeder Tages- und Nachtzeit flüssig aufsagen und an die jeweilige Situation anpassen.

5. Der Produktnutzen und die technischen Details

Ein weiterer, gern genutzter Fallstrick wartet, wenn Sie im Gespräch einmal bei Ihrem Angebot angekommen sind. Ein Smalltalk gewinnt an Würze, wenn Sie ihn mit Details über das Produkt ausschmücken. Schließlich wollte Ihr Gesprächspartner doch wissen, was Sie machen, oder nicht?

Versetzen Sie sich dazu in die Lages Ihres Gesprächspartners. Seine Frau wird ihn fragen, wie es war. Und er wird sagen: „Der Wahnsinn! Ich habe von einem Hundefutter erfahren, dass 26 % mehr Vitamin A38 und 35 % mehr B52 enthält als jede andere Premiummarke. Seit der dritten Produktgeneration wurde Anteil an Sekundärmetaboliten sogar noch weiter erhöht, so dass sich eine besonders antioxydative Wirkung auf das Immunsystem einstellt! Wow!"

Nicht wow, sondern totale Verwirrung. Der Produktnutzen ist eine Sache für Spezialisten. Was den Rest der Welt interessiert, ist der Kundennutzen: Simple Aussagen über den Mehrwert, den das Produkt mir bietet. Wie macht das Produkt mir das Leben leichter, schöner und lebenswerter? Oder meiner Familie oder meinem Hund? Technische Details kann und will Ihr Gesprächspartner sich nicht merken. Wie der Kundennutzen im Detail zustande kommt, interessiert erst an dritter Stelle.

Steve Jobs hat Apple mit solchen Aussagen groß gemacht:

*„Mit einem iPod können Sie 40 Stunden lang
Musik hören, ohne eine CD zu wechseln."*

*„Das MacBook Air ist so leicht und flach, dass
es in einen DinA4-Umschlag passt."*

*„Das neue iPhone ist so intuitiv, dass Sie es
getrost einem Aborigine geben können."*

Zur Veranschaulichung nutzen Sie Erfolgsgeschichten von zufriedenen Kunden oder Projekte, an denen Sie gegenwärtig arbeiten. Zeigen Sie, wie Sie dort Probleme lösen. Erzählen Sie eine kurze Geschichte mit einem Happy End, das Ihr Produkt ermöglicht hat!

6. In den Raum verkaufen

Einer meiner Favoriten. Sie erinnern Sich an die Geier-Szene? Genau darum geht es. Und es unterläuft uns schneller, als wir wahrhaben wollen. Wir sind nun mal auf einer Netzwerkveranstaltung, weil wir Geld verdienen wollen. Verdient man Geld etwa durch Smalltalk? Nun heißt es „jagen oder gejagt werden" und den Letzten beißen die Hunde. Je schneller Sie einem Veranstaltungsteilnehmer Ihr Produkt zum Verkauf anbieter, desto besser. Echte Profis schaffen das, bevor ihr Gegenüber überhaupt einmal zu Wort bekommen ist.

Sollte der sich tatsächlich weigern, Ihr Produkt zu kaufen, kann er immer noch in Ihrem Team für Sie mitarbeiten. Auch kein Interesse? Dann ist es an der Zeit, sich über die verschwendete Netzwerkzeit zu ärgern und das fruchtlose Gespräch abzubrechen.

Ich erinnere mich an meinen ersten Besuch bei einer Netzwerkveranstaltung, als wäre es gestern gewesen. Ich war so stolz und hielt mich für so schlau, dass ich mir den Umweg über die Telefoniererei erspare und die Geschäftsführer und Einkäufer einfach direkt treffe. Da waren aber gar keine Einkäufer. Da waren nur andere Verkäufer. Mit noch so vielen Leuten konnte ich reden, keiner wollte kaufen. Der Abend endete frustriert an der Bar. Zumindest den Eintrittspreis hab ich so wieder rausgeholt.

Es ist ein lustiges Bild, wenn Verkäufer anderen Verkäufern etwas verkaufen wollen. Also besinnen wir uns: Das Ziel besteht darin, Menschen kennenzulernen. Aus Kontakten Beziehungen mit Partnern zu entwickeln. Den Partnern dort zu helfen, wo wir es können. Das führt zu Empfehlungen und zu Kunden.

Tappen Sie nicht in die Falle des kurzsichtigen Geiers! Wenn Sie bei einer Netzwerkveranstaltung die richtigen Weichen gestellt haben, können Sie mit Geschick pro

Woche einen neuen Kunden gewinnen. Davon kann der rasende Verkäufer nur träumen.

7. Quantität vor Qualität

Allmählich werden die Fehler subtiler und weniger offensichtlich. Trotzdem habe ich noch eine ganze Reihe von Möglichkeiten im Ärmel, wie Sie Ihre Netzwerkarbeit zu einer Zeitverschwendung erster Güte machen können.

Schauen wir uns das Sozialkapital näher an! Wir haben ein Portfolio in der Hand, das aus Kontakten zu den unterschiedlichsten Menschen besteht. Das Herz des Verkäufers schlägt noch ein wenig in unserer Brust. Deshalb haben wir eine unstillbare Lust an Listen mit vielen, vielen Namen. Gerade die professionellen Vertriebler haben oft tief verinnerlicht, dass es einhundert Namen braucht, um auf einen Abschluss zu kommen.

Damit die Zahl der Namen im Portfolio schnell ansteigt, setzen viele auf Quantität vor Qualität. Es kostet Zeit, Geduld und Nerven, einen neuen Kontakt richtig kennenzulernen und zu verstehen, was den Menschen hinter der Visitenkarte bewegt. Mit den Angaben auf dem Kärtchen können Sie ihn abspeichern und zum nächsten übergehen. Ihr neuer „Freund" wird sich schon melden.

Tut er natürlich nicht. Netzwerken ist nicht wie Schatzsuchen oder Lotto spielen. Es geht nicht darum, viele Nieten zu küssen, um am Ende den Froschkönig zu erwischen. Eine Kontaktdatenbank mit 50 qualifizierten Kontakten schlägt den Schuhkarton mit 1000 Visitenkarten nicht nur um Längen. Die beiden spielen nicht einmal das gleiche Spiel.

Die Kunst der Differenzierung ist die Champions League beim Netzwerken. Der charismatischste Mensch im Mittelpunkt kann sich als Aufschneider herausstellen. Die fette Schweizer Automatikuhr des „Anlageberaters" wurde im Schneeballsystem verdient. Die schüchterne Dame in der Ecke dagegen ist als einzige Steuerberaterin vor Ort mit fast jedem Firmeninhaber im nahen Umkreis per Du.

Auf Veranstaltungen bin ich um Effizienz bemüht. Verlegenheits-Smalltalks über das Wetter bringen keinem etwas. Sich länger als eine Viertelstunde mit derselben Person zu unterhalten, zeitigt nur selten nennenswerte Ergebnisse. Es verbaut aber die Möglichkeit, in der Zeit andere Kontakte zu knüpfen.

Wer jedermanns Freund sein möchte, ist niemandes Freund. Entscheiden Sie sich, wenn, dann bewusst für eine intensive Partnerschaft! Wo es einen handfesten Anlass gibt, sollten Sie nicht zögern, Zeit und Energie zu investieren.

8. Visitenkarten sammeln und mit selbigen um sich werfen

Ihre Visitenkarte kann eine mächtige Waffe sein. Deswegen möchte ich Ihnen an dieser Stelle illustrieren, wie sich Visitenkarten nach Möglichkeit ungeschickt einsetzen lassen. Auch dieser Fehler ist klares Geier-Territorium.

Wer es ernst meint, besorgt sich zunächst ordentlich Munition. Billige Visitenkarten gibt es zu 500 Stück locker für 16,99 € Wir machen aber einen besseren Schnitt, wenn wir gleich die 10.000 Stück für 99,99 € ordern. Den Kubikmeter papiergewordener Selbstdarstellung lassen wir am besten gleich im Auto. Wer fleißig damit um sich wirft, hat sie schneller unters Volk gebracht, als es möglich scheint.

Zunächst ein paar Tipps zur Gestaltung: Der ideale Weg, um zu signalisieren, dass Sie nicht genau wissen, was Sie wollen, ist ein einfallsloses Standarddesign aus der Vorlagen der Onlinedruckerei. Markantes Layout und schöne Typografie sprechen für sich.

Visitenkarten werden angefasst. Sie können Ihren neuen Kontakten eine Freude machen, indem Ihre Karten extra leicht und extra dünn sind. Dann haben sie weniger zu tragen. Ein Angebot mit Substanz unterstreichen Sie allerdings eher mit einem Papier, das beim Anfassen echte Ausstrahlung hat.

Schrift wiegt nichts und jeder spricht von Big Data. Also alles drauf auf die Karte: Das Logo mindestens zweimal, mehrere Telefon- und Faxnummern, Firmen- und Privatadresse, sämtliche Emailadressen, Webseiten und darunter noch viele interessante Fakten zu Ihrem Geschäft!

Eine Freundin, die sich zu Jahresanfang selbständig gemacht hatte, wollte von mir wissen, warum ich 200 Euro für Visitenkarten ausgebe. Sie hätte ihre für 19 Euro bestellt. Nachdem ich sie bemustert hatte, fiel mir die Antwort leicht: „Weil Deine *** (vulgär: nicht wirklich gelungen und kaum repräsentativ) sind."

Die Visitenkarte ist kein Stück Papier, sondern Ihr Aushängeschild. Warum schaden sich Menschen mit schlechten Visitenkarten? Das habe ich bis heute nicht verstanden. Warum will man einen schlechten ersten Eindruck hinterlassen?

Das Layout Ihrer Visitenkarte und Ihr Umgang mit selbiger genügen einem erfahrenen Netzwerker, um Sie grundlegend einzuordnen. Als Selbständiger können und sollten Sie den Gestaltungsspielraum nutzen. Selbst, wenn heute jeder Zweite schon ein kleiner Photoshop-Profi ist: Die Feinheiten von Layout und Farbdesign, Font-Auswahl, Typografie und registerhaltigem Satz machen den Unterschied aus zwischen gelungen und selbst gemacht. Wenn Sie noch kein aussagekräftiges Corporate Design haben, wäre die Visitenkarte der passende Anlass, sich einen guten Grafiker empfehlen zu lassen.

Freier Raum wirkt elegant und selbstbewusst. Und es entspannt beim Lesen, nur das zu finden, was man auch gesucht hat.

Ein nachweislich wirksamer Gedächtnisanker ist das eigene Bild auf der Karte. Bei Studien wurde herausgefunden, dass Visitenkarten, die ein Foto enthalten, zu 80 % weniger weggeworfen werden.

Nun auf in den Kampf. Ein verbreiteter Irrglaube lautet: Je schneller ich meine Visitenkarten verteile, desto mehr werde ich verdienen. Wie im Wilden Westen heißt die Devise: Wer schneller zieht, gewinnt. Ein typischer Einstiegssatz lautet deshalb: „Ich stell mich erstmal vor. Hier ist meine Karte." „Typisch" heißt allerdings weder, dass sich jeder darüber freut, noch dass es häufig von Erfolg gekrönt wäre. Das gilt auch für die Angewohnheit, die eigene Karte während der Pause auf allen freien Plätzen zu verteilen.

Das Gegenteil erreichen Sie mit einer Karte, die den Wert und die Einzigartigkeit Ihrer Person und Ihres Unternehmens greifbar und sichtbar macht: Veredelt mit dezent eingesetzten, starken Effekten. Vielleicht aus extra starkem Naturpapier, das eine faszinierende Haptik erzeugt und schöne Geräusche macht, wenn die Karten auf den Tisch abgelegt werden oder jemand mit dem Finger darüber streicht. Sorgen Sie dafür, dass Ihre Kontakte jedes

Mal ein angenehmes Erlebnis haben, wenn sie Ihre Karten in den Händen halten.

Der Austausch der Karte ist ein Zeichen dafür, dass ein grundlegendes Interesse besteht. Wer den Visitenkarten-Triathlon betreibt und einfach nur sammelt, was das Zeug hält, schafft damit im Regelfall nur eins: Schuhkartons voll Altpapier im Abstellraum.

9. Keine Kontaktverwaltung

Die Visitenkarte bringt uns gleich zum vorletzten Tipp für den miserablen Netzwerker: Machen Sie es so wie mit den Rechnungen für den Steuerberater: Schmeißen Sie alle neu erbeuteten Visitenkarten in einen Karton! Ich erinnere mich noch an den Gedanken, den ich in diesem Moment im Kopf hatte: „Hier sind sie erstmal gut aufgehoben. Was ich weiter damit mache, kann ich mir ja später noch überlegen."

Es ist zugegeben auch nicht ganz einfach, für Visitenkarten ein sinnvolles System zum Sortieren aufzustellen. Nachname? Firma? Branche? Aber genauso wie mit den Rechnungen für kleine Geschäftsausgaben kommt mit Sicherheit der Moment, an dem die Nachlässigkeit sich rächt.

Sie erinnern sich dunkel an jemanden, den Sie vor zwei oder drei Monaten kennengelernt haben. Im Gespräch fiel ein spannendes Stichwort, das Sie ganz genau behalten haben. Sie wissen noch, wo Sie miteinander gesprochen hatten, dass es den leckeren Obstsalat gab und dass Ihr Gegenüber ein geschmackvolles Sportsakko trug. Nur der Name fällt Ihnen nicht mehr ein und die Kontaktdaten schon gar nicht. Dann holen Sie sich Ihre Schatzkiste her und kramen.

Wie viele Visitenkarten haben Sie in den letzten Jahren gesammelt? Besitzen Sie noch alle oder haben Sie die meisten bereits weggeworfen? Wenn ich aus Ihrer Sammlung zehn Stück rausziehe und Ihnen die Namen vorlese, zu wie vielen Personen könnten Sie mir noch irgendetwas sagen?

Eigentlich schade, oder? Hinter jeder Visitenkarte steckt ein Mensch. Mit diesem Menschen haben Sie sich zumindest mal so gut unterhalten, dass sie die Karten ausgetauscht haben. Was ist daraus geworden und was haben Sie seitdem füreinander getan?

Dieser Mensch hat statistisch gesehen 250 weitere Kontakte. Darunter sind mit hoher statistischer Wahrscheinlichkeit Interessenten, die Sie hätten erreichen können, hätten Sie die Beziehung intensiviert. Wie viele neue Leute haben Sie seit diesem Kennenlernen getroffen, die der Wunschkunde des Menschen mit dieser Visitenkarte sind? Nur haben sie in dem Moment nicht daran gedacht.

Es beginnt schon in dem Augenblick, in dem Sie die Karte erhalten oder sich sogar bewusst erfragen. Nun stehen Sie da, in der einen Hand die Aktentasche, weil es gleich weiter zum Vorort-Termin geht, in der anderen Hand eine frische, wertvolle Visitenkarte. Wohin damit? Innen ins Jackett, ins große Taschenfach oder in die Hosentasche? Wie viele wertvolle Kontaktinformationen habe ich auf diese Weise schon unauffindbar verräumt. Ich bin deshalb dazu übergegangen, jede neue Karte sofort abzufotografieren.

Im Zeitalter der smarten Lösungen gehört auch der Schuhkarton nicht mehr zum Arbeitsgerät des erfolgreichen Netzwerkers. Nutzen Sie Programme wie den Contact-Master: Eine für Netzwerker optimierte Datenbank, die Ihnen die Übersicht über all Ihre Kontakte gibt. Hier eine Liste mit Anforderungen, die ich mittlerweile an meine Kontaktverwaltung stelle:

• schnelle Suchfunktion, um jeden Kontakt
augenblicklich wiederzufinden;

• Auszeichnung von Kontakten mit Tags bzw. Schlagwörtern;

• Wenn mir Name und Firmenname entfallen,
will ich den Kontakt über die Teilnahme
an der Veranstaltung herausfiltern;

• Übersicht über alle Branchen im Netzwerk;

• Überblick über die Wunschkunden meiner Kontakte;

- Vorgefertigte Emails, um mein Netzwerk mit wenig Zeitaufwand aktiv zu halten.

Mit einer leistungsstarken Kontaktverwaltung entlasten Sie nicht nur Ihr Gedächtnis. Sie können mit diesem zentralen Tool Anbieter und Wunschkunden effektiver in Kontakt bringen, zielsichere Empfehlungen abgeben und auf diese Weise in beide Richtungen die Beziehung stärken.

10. Sparen Sie sich die Nachbereitung

Das war es. Eine ganze Menge Netzwerkarbeit liegt hinter Ihnen. Sie können stolz auf sich sein. Sie waren bei einem Netzwerktreffen, haben dort vielleicht mit Visitenkarten um sich geworfen und die Leute mit technischen Produktspezifikationen verwirrt. Sicher haben Sie zum Ausdruck gebracht, was man bei Ihnen kaufen kann und wer die Menschen sind, mit denen Sie sehr gern Kontakt aufnehmen möchten. Ähnliche Informationen haben Sie über interessante Teilnehmer gesammelt, unterlegt durch einen dicken Packen Visitenkarten.

Hier die letzte fehlerhafte Annahme, über die Sie nicht stolpern müssen, weil ich es bereits für Sie getan habe: Mehr brauchen Sie nicht zu tun. Lehnen Sie sich einfach zurück und warten Sie auf Großaufträge.

Sie dürfen sicher sein: Es wird so gut wie nichts passieren. Nach dem Treffen ist vor dem Treffen. Eine

Netzwerkveranstaltung nicht nachzuarbeiten ist genau so sinnlos, wie einen Kunden zu besuchen und ihm dann das vereinbarte Angebot nicht zu schicken. Verlassen Sie sich nicht auf die anderen. Gerade am Anfang, wenn im Netzwerk noch nicht so viele Erfahrungen dazu gestreut sind, warum man dringend mit Ihnen kooperieren sollte, muss die Aktivität von Ihnen ausgehen.

Pflegen Sie Ihre Kontakte. Fassen Sie nach und melden Sie sich bei möglichen Kooperationspartnern, indem Sie noch einmal kurz zusammenfassen, welche Perspektiven sich im Gespräch ergeben hatten! Machen Sie dezent auf sich aufmerksam! Und vor allem: Suchen Sie aktiv nach Möglichkeiten, aus Ihren bestehenden Kontakten heraus die Bedürfnisse zu erfüllen, die andere Netzwerker Ihnen persönlich oder der ganzen Runde gegenüber ausgesprochen haben. So füllen Sie locker mehr als einen halben Arbeitstag mit Netzwerkarbeit. Und nach einigen Monaten werden Sie mit großer Sicherheit sagen: Diese Stunden zählen zu den produktivsten in jeder Woche.

Nachwort

Netzwerken hat sich als Traumberuf herausgestellt. Ich genieße nicht nur, dass Aufträge nun mit weit weniger Aufwand zu mir kommen. Der größte qualitative Unterschied ist, dass ich mich nicht mehr frage, wie ich an das Geld anderer Leute komme. Stattdessen beschäftige ich mich hauptberuflich mit der Frage, wie ich vielen anderen Menschen helfen kann.

Der Wert einer Kooperation wächst mit ihrer Dauer und Intensität. Je eher Sie anfangen, desto besser. Auch Loyalität gehört zum Netzwerken. Es wird Ihnen also schwerlich gelingen, von jemandem eine Empfehlung zu erhalten, der schon mit Ihrem direkten Wettbewerber in guter Beziehung steht. Wer sich jetzt gut vernetzt, hat auf Jahre hinaus bei der Auftragsvergabe die Nase vorn.

Überlegen Sie sich, ob auch Sie auf der Sonnenseite des Vertriebs dabei sein möchten. Wenn Sie als Netzwerker durchstarten wollen, dann bauen Sie Ihr Sozialkapital aus und investieren Sie es mit Gewinn!

Alles klar! Und was jetzt?

Nachdem Sie dieses Buch von vorne bis hinten durchgelesen haben, stehen Ihnen die Grundlagen des professionellen Networkings sauber strukturiert zur Verfügung. Sie haben gelernt, was Sie auf jeden Fall tun wollen. Und Sie haben auch eine ziemlich gute Vorstellung davon, was Sie unter allen Umständen vermeiden möchten. Mit dem know-how aus diesem Buch sind Sie für Ihre nächste Netzwerkveranstaltung bestens gerüstet.

Nun liegt es an Ihnen, die Praxistipps umzusetzen und Ihr inneres PiGeiLeon zu entwickeln. Es wird Leser geben, denen das auf Anhieb gelingt. Darüber freue ich mich besonders. Anderen wird der Schritt von der Theorie in die Praxis etwas schwerer fallen. Mal gibt es unerwartete Herausforderungen in der Umsetzung, mal kommt die Erinnerung für die passende Technik exakt fünf Minuten nach dem entscheidenden Moment.

Netzwerkarbeit ist das ständige Empfehlen, Weiterempfehlen und Empfohlen werden - und das passiert in jeder Lebenssituation. Beim Brunch im Restaurant, beim Mittagessen in der Kantine oder auf den unzähligen Netzwerkveranstaltungen, die genau zu diesem Zweck stattfinden. Und darauf können Sie vorbereitet sein, um sich mit selbstbewusstem Auftreten darzustellen und beim Gegenüber die Motivation zu wecken, Sie weiterzuempfehlen.

Nun macht es einen großen Unterschied, ob Sie Ihren Elevator-Pitch zu Hause vor dem Spiegel üben, im Gespräch mit einem Neukontakt, der wissen möchte, „was Sie denn schönes machen", oder laut vor 60 aufmerksamen Zuhörern. Es ist erfolgsentscheidend, wie sehr Sie sich in diesem Augenblick zu Hause fühlen.

Wissenschaftler haben ermittelt, dass wir uns nur 10% von dem merken, was wir lesen. Dagegen können wir uns 80-90% von dem merken, was wir selbst aktiv getan haben. Sei es in einer reellen oder einer simulierten Situation – praktische Übung lässt die Synapsen richtig rund laufen. Aus diesem Grund, habe ich für Sie ein Praxis- und Umsetzungstraining konzipiert: Das „Netzwerkdiplom"

Sie erwarten zwei intensive und aufschlussreiche Tage, randvoll mit faszinierenden Einsichten in die Mechanismen, die gute Kontakte zur Weltwährung Nummer 1 machen. Alle Inhalte dieses

Buches werden in intensiven Übungen eins zu eins umgesetzt und vertieft. Vom Business-Frühstück bis zur Abendveranstaltung mit Stehtischen stellen wir jede Netzwerksituation nach, die Ihnen in der Praxis begegnen kann.

Schon mit unserem ersten Lunch, mit dem wir das Seminar beginnen, steigen wir von Anfang an in die authentische Situation ein. Mit hochmotivierten Teilnehmern aus unterschiedlichen Branchen wenden wir die Kernkompetenzen direkt an und üben die Verhaltensweisen und Strategien für nachhaltigen Erfolg. Durch das intensive Netzwerken in der Übungsgruppe konnten die Teilnehmer in jeder Trainingsveranstaltungen bisher schon handfeste Empfehlungen und Umsetzerfolge verbuchen. Vertriebsteams und kleine Unternehmen können den persönlichen Nutzen mit einem individuellen In-House Training sogar noch steigern. Nähere Informationen und Termine finden Sie auf

www.netzwerkknigge.de

Ich wünsche ansteckende Begeisterung und Erfolg beim Netzwerkern, der Ihre Erwartungen übertrifft. Und sehr gern lerne ich Sie auch persönlich kennen.

Ihr Roman Topp